区块链技术开发与实现

李剑锋 张悦涵 编著

清华大学出版社
北京

内 容 简 介

本书以区块链技术发展为主线,循序渐进地介绍了区块链 1.0～3.0 时代主流的区块链系统,针对各系统,全面、系统地阐述了区块链背景知识、开发技术和底层实现等内容,包含丰富的智能合约和系统底层代码实例。全书共 9 章,分别介绍区块链概念、区块链技术、区块链第一代系统——比特币、比特币源码解析、区块链开发平台——以太坊、以太坊源码解析(C++版本)、以太坊源码解析(Go 版本)、区块链企业级操作系统——EOS 和 EOS 源码解析等知识。

本书主要面向广大从事区块链应用与底层开发的专业人员、从事高等教育的专任教师、高等院校的在读学生及相关领域的广大科研人员。

图书在版编目(CIP)数据

区块链技术开发与实现/李剑锋,张悦涵编著. —北京:清华大学出版社,2023.4
ISBN 978-7-302-62971-9

Ⅰ. ①区… Ⅱ. ①李… ②张… Ⅲ. ①区块链技术-研究 Ⅳ. ①TP311.135.9

中国国家版本馆 CIP 数据核字(2023)第 039905 号

责任编辑:陈景辉 张爱华
封面设计:刘 键
责任校对:申晓焕
责任印制:曹婉颖

出版发行:清华大学出版社
   网   址:http://www.tup.com.cn,http://www.wqbook.com
   地   址:北京清华大学学研大厦 A 座   邮   编:100084
   社 总 机:010-83470000   邮   购:010-62786544
   投稿与读者服务:010-62776969,c-service@tup.tsinghua.edu.cn
   质量反馈:010-62772015,zhiliang@tup.tsinghua.edu.cn
   课件下载:http://www.tup.com.cn,010-83470236
印 装 者:三河市铭诚印务有限公司
经   销:全国新华书店
开   本:185mm×260mm   印   张:12.75   字   数:313 千字
版   次:2023 年 4 月第 1 版   印   次:2023 年 4 月第 1 次印刷
印   数:1～1500
定   价:69.90 元

产品编号:100282-01

PREFACE | 前言

2016 年,笔者漫步于校图书馆,几乎检索不到一本区块链书籍;2022 年,笔者徜徉于电商网站,见到了琳琅满目的区块链著作。几年间,笔者见证了区块链从风口浪尖到本土特色化落地,见证了区块链从金融科技到可编程社会发展,也见证了区块链为我国新兴数智化生态产业赋能提效。时至今日,笔者整装再出发,以区块链技术发展为主线,结合自身研究应用情况,将区块链 1.0～3.0 时代主流技术(比特币、以太坊、EOS)总结编写成书,旨在帮助区块链技术萌新快速掌握区块链开发技术和底层实现等内容。

本书主要内容

本书可被视为一本理论与实践相结合的书籍,非常适合具备一定计算机科学与技术知识及面向对象编程经验的读者学习。读者可以在短时间内学习本书中介绍的区块链基础概念、技术原理和开发实现等内容。

全书共 9 章,既有基础概念、技术原理,又有开发实现。

第 1 章为区块链概念,涵盖区块链定义、特点、发展、分类等基础概念,基于对区块链技术和发展的研判,总结提出区块链生态架构,是全书的基础框架。

第 2 章为区块链技术,涵盖区块链数据层、网络层、共识层、合约层、拓展层等技术原理,是对第 1 章区块链生态架构中技术协议层的全面阐述。

第 3～9 章为开发实现,涵盖区块链 1.0～3.0 时代主流区块链系统(技术协议),各系统涉及背景知识、开发技术和底层实现等内容,是对第 2 章技术协议层不同实现方式的具体描述。其中,第 3、4 章重点讲述比特币:第 3 章区块链第一代系统——比特币,包括比特币基本概念、业务流程、技术协议各层技术、改进提案及系统搭建等内容;第 4 章比特币源码解析,包括比特币源码结构和技术协议各层源码解析。第 5～7 章重点讲述以太坊:第 5 章区块链开发平台——以太坊,包括以太坊基本概念、业务流程、技术协议各层技术、改进提案、系统搭建及合约开发等内容;第 6 章以太坊源码解析(C++版本),是基于 C++语言的以太坊源码结构和技术协议各层源码解析;第 7 章以太坊源码解析(Go 版本),是基于 Go 语言的以太坊源码结构和技术协议各层源码解析。第 8、9 章重点讲述 EOS:第 8 章区块链企业级操作系统——EOS,包括 EOS 基本概念、业务流程、技术协议各层技术、版本演进、系统搭建及合约开发等内容;第 9 章 EOS 源码解析,包括 EOS 源码结构和技术协议各层源码解析。

本书特色

本书具备“三全、三新”两大特点,具体如下。

(1) 内容覆盖全。本书涵盖区块链 1.0～3.0 时代主流区块链系统,内容丰富多彩。

（2）技术知识全。本书分别讲述各区块链技术的基本概念、业务流程、技术协议、系统部署、合约开发、合约调用、系统源码等内容，知识体系全面。

（3）前后联系全。本书基于抽象的数据层、网络层、共识层、合约层等技术协议展开，讲述不同区块链系统各层具体技术与源码，前后内容关联性强。讲述内容不仅有理论，也有开发实战，理论与实践联系密切。

（4）技术版本新。本书讲解的各区块链系统版本较新，避免知识滞后。

（5）部署方式新。本书在讲解物理机部署方式的同时，重点讲解容器化部署方式，紧跟云原生浪潮。

（6）编写方式新。本书以区块链基础概念、技术原理为基础，过渡到主流区块链系统的开发实现，内容循序渐进。在各系统开发实现内容中，分别介绍了背景知识、开发技术和底层实现，内容由浅入深。

配套资源

为便于教与学，本书配有源代码。获取源代码、全书网址的方式：先刮开并用手机版微信 App 扫描本书封底的文泉云盘防盗码，获得授权后再扫描下方二维码，即可获取。

源代码

全书网址

读者对象

本书主要面向广大从事区块链应用与底层开发的专业人员、从事高等教育的专任教师、高等院校的在读学生及相关领域的广大科研人员。

阅读小贴士

（1）技术思维。

笔者想借此机会告诉广大读者，区块链技术协议大多不是独创的，区块链也不是平地而起的，而是结合具体应用场景和业务痛点，站在前人的肩膀上，组装或改造这些技术协议，从而构建起来的。在实际中，希望读者也能够借鉴这种模式，在创造或使用一些技术时，首先要考虑的不是技术本身的先进性，而是创造或使用它们的必要性，例如，政治性和业务性。没有离开政治的业务，没有离开业务的技术，也没有离开政治的技术，读者需要在紧跟政治、业务的前提下，以赋能应用场景和解决业务痛点为出发点，做好这些技术。

（2）实战思维。

不同区块链技术可能衍生不同的网络、分支和版本。本书以广泛的学习研究为目的，为读者介绍了不同区块链技术协议及其源码实现。建议读者根据实际情况选择合适的技术，参考 GitHub 等资源，进行深入的研究和应用。

（3）阅读重点。

本书在介绍同一区块链系统时，涵盖了背景知识、开发技术和底层实现等内容。建议读者通读这些内容。如果读者只是以应用开发为目的，不甚关心系统底层实现，可略过第4、6、7、9章；如果读者希望学习底层实现，请勿略过第4、6、7、9章。

最后，特别感谢指导、帮助、支持我的领导和同事，特别感谢关心、理解、包容我的家人和朋友。在本书的编写过程中，参考了诸多相关资料，在此衷心感谢相关作者。

限于个人水平和时间仓促，书中难免存在疏漏之处，欢迎广大读者批评指正。

笔　者

2023 年 1 月

CONTENTS | 目录

第1章

区块链概念

从第一代区块链系统比特币开始,区块链的概念逐渐走进大众视野;而后,随着以太坊、EOS 等系统的发展,区块链技术逐渐成熟。10 余年内,比特币、以太坊、EOS 在"币圈"和"链圈"的争论和冲突中"野蛮"发展,区块链也成为第 4 次工业革命浪潮最具代表性的技术之一。尽管如此,它们对于大多数用户来说仍然是神秘的。以比特币、以太坊、EOS 为代表的区块链技术究竟是什么? 本书将揭开它们神秘的面纱。

本章介绍区块链的定义、特点、发展和分类,重点讲解笔者研判提出的区块链生态架构。

1.1 区块链的定义

区块链是什么? 为了方便读者理解,从 3 方面阐述。

首先,以名称释义,品读领会区块链名词含义。区块链由英文单词 Blockchain 直译而来,表示由区块(Block)前后链接组织而成的链条(Chain),这种链式组织形式保证区块数据不能篡改。

其次,以记账为喻,具象描述区块链概貌特征。区块链可以理解为通过多参与方维护的分布式账本,账本每页都记录了账目信息(交易记录),个别参与方通过篡改账页做假账是行不通的。

最后,以官方作答,归纳阐明区块链技术定义。工业和信息化部《中国区块链技术和应用发展白皮书》指出,区块链技术是利用块链式数据结构来验证与存储数据、利用分布式节点共识算法来生成和更新数据、利用密码学的方式保证数据传输和访问的安全、利用由自动化脚本代码组成的智能合约来编程和操作数据的一种全新的分布式基础架构与计算范式。这些技术将在后面一一解答。

1.2 区块链的特点

区块链是用于多参与方之间存储、计算和共享数据的"去信任"基础设施。"去信任"不是指"不信任",相反,它是高度信任的,因为区块链底层技术保证了参与方真实可信,数据传输和访问安全可信。参与方能够在一个自带信任光环的环境下,实现跨多方协作与价值分享。这种"去信任"基础设施包含以下 4 个特点。

(1) 去中心。

也可以理解为多中心。不同于传统中心化系统,区块链无须依赖第三方机构或基础设施,区块链基于 P2P(Peer to Peer,点对点)网络、共识算法等技术,帮助分布式环境下的多参与方节点独立决策、一致处理和存储数据,提高系统容错性。

(2) 难篡改。

也可以理解为难造假。区块链基于块链式、密码学存储结构及共识算法等技术,使交易上链(交易存储于区块链)后具备安全可信、全网一致的特性,参与方难以篡改链上的数据,保障数据的公信力和可靠性。

(3) 可追溯。

也可以理解为难抵赖。区块链通过链式存储和时间戳记录等方式,确保数据可验证、可溯源。

(4) 便协作。

也可以理解为易共享。区块链基于数据多方流转特性及智能合约等技术,有利于实现跨多方协作、数据确权、价值共享及降本增效。

1.3　区块链的发展

2009 年,区块链第一代系统比特币诞生,"去信任"基础设施从理想变为现实;如今,区块链技术已发展 10 年有余,应用场景从雨后春笋到百花齐放般地落地。这期间,区块链主要经历了 3 次时代变革。

(1) 区块链 1.0 时代。

区块链 1.0 时代指数字货币时代。2008 年,Satoshi 在密码朋克思想和数字货币理念的影响下,发表了论文 *Bitcoin:A Peer-to-Peer Electronic Cash System*;次年 1 月,比特币诞生,区块链 1.0 时代到来。作为一种数字货币系统,比特币引起了金融行业的关注,并逐渐迎来了金融科技的浪潮。比特币底层基于区块链技术,几乎没有任何人或机构能够篡改数字货币及相关交易记录,这种技术逐渐被大众关注。

(2) 区块链 2.0 时代。

区块链 2.0 时代指智能合约时代。2013 年,以太坊的概念首次被 Vitalik Buterin 提出,旨在构建新一代数字货币与去中心化应用平台;2014 年,以太坊进行了以太币预售。这期间,区块链 2.0 时代揭幕。以太坊的核心能力是以太币、智能合约及其分布式应用,它论证了数字货币的发展前景与经济价值,赋予金融等领域可编程特性,将分布式智能合约技术推向了新的高度。

(3) 区块链 3.0 时代。

区块链 3.0 时代指应用出圈时代。经历了比特币、以太坊等区块链技术和应用的发展,区块链从可编程金融过渡到了可编程社会,越来越多的分布式应用落地,不胜枚举的智能合约案例赋能,区块链 3.0 时代降临。区块链 3.0 时代的代表是 EOS,其诞生于 2018 年,最初由 Daniel Larimer 开发,由 Block.one 公司发布。截至 2022 年底,EOS 在 3.0 时代表现出色,凭借其高性能和可拓展性,有效保障了分布式智能合约应用的交互效率,适合于各行业下区块链生态的构建,有利于呈现企业跨多方协作、数据融合融通的业务价值。

1.4　区块链的分类

按照开放范围可将区块链分为公有链、联盟链和私有链,后两者统称为许可链。它们具有不同的特点,如表 1-1 所示。

表 1-1　区块链的分类及特点

项　目	公　有　链	联　盟　链	私　有　链
定义	全网节点组成的区块链网络,任意节点可接入网络并参与共识(记账)过程	联盟(多机构)成员构建的区块链网络,共识(记账)过程受到预选节点控制	个体或单机构内部构建的区块链网络,节点之间彼此信任
中心化程度	完全去中心化	部分去中心化/多中心化	完全中心化/私有化
信任机制	全民背书,完全解决信任问题	联盟背书	自行背书
性能表现	差	较高	高
主流技术协议	比特币(默认)、以太坊(默认)	以太坊(可配置)、EOS(默认)	比特币(可配置)、以太坊(可配置)、EOS(可配置)

　　企业实战中,公有链应用并不多,大部分采用许可链形式。当然,读者可根据不同区块链的特点、待上链业务场景和性质决定使用哪种区块链。

1.5　区块链生态架构

　　基于对区块链技术和发展的研判,笔者总结并提出区块链生态架构,如图 1-1 所示。

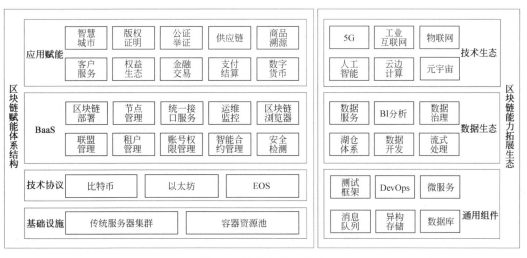

图 1-1　区块链生态架构

　　整体来看,区块链生态架构分为区块链赋能体系结构(左侧)和区块链能力拓展生态(右侧)两部分:前者由基础设施、技术协议、BaaS(Blockchain as a Service,区块链即服务)和应用赋能 4 层组成,后者由通用组件、数据生态和技术生态 3 部分组成。

　　该架构一揽子汇聚业务、功能、组件、技术、资源等生产要素,将要素和要素之间的关系分模块、分层次展示。

　　左侧从底层基础设施到上层应用赋能,各分层之间相互关联,上方分层依赖下方分层,下方分层为上方分层提供必要服务:基础设施是区块链的根基,区块链运维基于底层硬件和系统软件;技术协议是区块链的内核和主体,既包括区块链数据、网络、共识、合约等基础协议,又包括隐私保护、扩容等拓展协议,不同的区块链系统实现不同的技术协议;BaaS是基于区块链包装而成的服务管理平台,对于许可链来说必不可少,在公有链中并不常见,BaaS下方对接不同的区块链技术协议,上方为百花齐放的区块链应用提供统一接口等服务,为区块链和业务侧的运营分析人员、运维人员及管理人员提供可视化、自动化、自助式的平台级自服务能力;应用赋能主要指分布式DApp(Decentralized Application,去中心化应用),应用赋能范围涵盖众多行业和领域。

右侧各生态模块相对独立,是左侧体系结构的重要补充,通过融合融通技术、数据及组件等能力,实现"1+1>2"的效益。

1.5.1　区块链赋能体系结构

区块链赋能体系结构包含基础设施、技术协议、BaaS和应用赋能4层。

1. 基础设施

基础设施位于最底层,包括以下两部分内容。

(1) 传统服务器集群。指传统的物理机、虚拟机集群。

(2) 容器资源池。指新型的容器云资源池。主流容器云技术包括Docker容器化、K8S容器编排等。相比于传统服务器,容器云具备轻量级运行、自动化伸缩、持续化构建、跨平台部署、高隔离性、高资源利用率、低成本采购等特性。

2. 技术协议

基础设施之上是技术协议,笔者列举了3项区块链技术协议,分别对应比特币、以太坊和EOS系统,它们是区块链1.0~3.0时代的代表性成果。

(1) 比特币。区块链1.0时代的开创者,是第一款区块链应用,它揭开了数字货币和底层区块链技术的序幕。

(2) 以太坊。区块链2.0时代的引领者,是久负盛名的智能合约开发平台,它推动了DApp的发展。

(3) EOS。区块链3.0时代的见证者,是企业级区块链操作系统,它促进了区块链应用赋能生态的形成。

3. BaaS

技术协议之上是BaaS,该服务实现企业级区块链管理、运维及运营功能,多用于许可链场景,主要包括以下10部分内容。

(1) 联盟管理。实现区块链多参与方组织架构的统一管理。无论是联盟链或私有链,均存在多参与方。

(2) 租户管理。实现不同组织架构下子单位和用户的自治管理。

(3) 账号权限管理。基于区块链独有的账号和密钥机制,实现租户账号权限的自主管理。账号权限管理包括密钥管理、交易账号管理、智能合约账号管理及相应的权限管理等功能。

(4) 智能合约管理。实现智能合约源码编译、部署及更新。

(5) 安全检测。实现区块链节点、镜像、智能合约等内容的自动化漏洞扫描和安全检测。

(6) 区块链部署。通过可视化、流程化、自动化的方式实现创世节点构建、系统合约初始化、多节点部署及组网初始化配置。

（7）节点管理。实现区块链节点变更配置及共识、非共识节点变更管理。

（8）统一接口服务。基于异构的区块链技术协议，封装统一的对外服务接口，为业务系统提供统一的接入、调用及鉴权管理等功能。

（9）运维监控。实现区块链和对外服务接口的日志监控和告警。

（10）区块链浏览器。实现核心业务数据及区块、交易等区块链数据的大屏展示。

4. 应用赋能

应用赋能属于最上层，区块链能够重塑金融领域和数字经济形态，从长远来看，能够面向互联网、政企、商户、家庭、个人、新兴等市场大放异彩，主要包括以下 10 个场景。

（1）客户服务。

客户服务将客户担心和困扰的数据链上化管理，建立服务人员、合作伙伴、营销投放策略、CRM（Customer Relationship Management，客户关系管理）等可信化数字档案，构建从合作伙伴支撑到客户售后的全流程可信链条，打造客户和服务人员之间的数据共享通道，让客户信服企业服务水平和对外营销策略，让服务人员积极提高工作热情和能力，确保客户满意度稳定提高。

（2）权益生态。

权益生态将用户关心的权益、资产及所有权链上存储，建立确权管理能力，健全隐私保护和零知识权益证明机制，有助于保护消费者合法权益，改善企业运营发展状况。

（3）金融交易。

金融交易将交易方、投资、融资、支付、保险等服务通过区块链承载，对接征信、风控等能力，避免买卖双方及第三方机构之间的信任危机，降低跨多方交易成本，助力村镇金融振兴。

（4）支付结算。

支付结算承载跨多方支付结算、跨境支付结算等应用场景，减少受理单位局限性和垄断现象，防止多种欺诈行为，提高流程、数据安全及处理效率。

（5）数字货币。

数字货币由官方机构（例如，中国人民银行）发行区块链数字货币，依靠其权威性背书，提升数字货币安全性，推动数字货币标准化，避免数字货币发布乱象，维护金融稳定。

（6）智慧城市。

智慧城市将医疗、交通、能源等要素融入区块链生态，构建安全、可控、有效的城市工作网和监管网，发挥跨多方实体的协作能力，提高城市互联设备之间的可信水平和连通效率。

（7）版权证明。

版权证明将数藏文创内容和版权关键信息链上维护，使创作者能够确权、维权，收藏者能够被授权，保证艺术市场纯洁性，维护创作者和收藏者的合法利益。

（8）公证举证。

公证举证将产权等内容赋予区块链特性，降低存证、取证难度，提高司法公信力和司法程序效率。

（9）供应链。

供应链将广泛业务场景的生产、加工、流通、消费全流程可信化存储，解决产业信息链条透明性、职责界定等问题。

（10）商品溯源。

商品溯源将产品源头情况和关键流转节点链上维护，降低客户消费风险，避免商品信任危机。

1.5.2　区块链能力拓展生态

区块链能力拓展生态包括通用组件、数据生态和技术生态3部分。

1. 通用组件

通用组件能够加强区块链和DApp的开发、构建、测试、发布及运维能力，为区块链存储和计算提供拓展支撑，主要包括以下6部分内容。

（1）消息队列。

消息队列实现链上和链下数据实时、异步交互，保障系统错峰、流控、解耦，方便区块链运维监控和浏览器大屏展示。

（2）异构存储。

异构存储指S3对象存储、IPFS等存储设施，通过链下存储文件、链上存储文件元数据（数据指纹，包括文件哈希值、文件存储位置、生成时间等）和关键业务数据的方式，解决大数据上链困难的问题。

（3）数据库。

通过数据库缓存或备份链上数据，提高特定场景的数据检索效率。例如，可以缓存区块高度、交易哈希值等信息，后续直接通过该信息获取上链详情，也可以直接将上链的业务数据存储在数据库，通常情况下访问数据库即可。

（4）测试框架。

测试框架为智能合约Mock测试和对外接口测试提供支持。

（5）DevOps。

DevOps使区块链开发和运维人员工作更紧密。DevOps自动化保障智能合约和对外接口开发的CICD流程，这种自动化代码交付和应用变更流程，使区块链应用的构建、测试、发布流程更加快捷、频繁和可靠。

（6）微服务。

微服务保障区块链BaaS等服务模块低耦合、易开发、便伸缩、跨技术栈和多开发语言，轻松实现各种对外接口的统一接入、注册、发现、熔断、降级。

2. 数据生态

数据生态为区块链数据采集、存储、加工、服务、治理提供便利，主要包括以下6部分内容。

（1）湖仓体系。

湖仓体系保障数据分域分层、入出一处、存算分离。区块链融合融通湖仓技术，有利于构建体系化、安全可信的分布式数据链岛。区块链能够从ODS（Operation Data Source，可操作数据存储）层接入数据，降低从各业务系统和异构数据源采集数据的复杂度；能够对接相对稳定的、归属不同主题和层次的数据模型，避免链上数据频繁变更、定义和存储不规范等问题；能够将链上数据分流或备份至湖仓，减缓区块链数据存储和检索压力。

（2）数据开发。

数据开发主要用于离线调度和模型开发，基于一整套数据加工和模型构建工具，能够有效减少区块链智能合约模型加工和处理压力,提高数据上链效率。

(3)流式处理。

流式处理与离线开发互补,基于实时能力,能够大幅提高区块链数据计算效率。

(4)数据服务。

数据服务是数据对外输出方式之一,结合标签、画像等数据服务能力,使区块链具备精确、可信的数智化分析应用能力。

(5)BI分析。

BI(Business Intelligence,商业智能)技术是数据对外输出的另一种方式,用户通过前端可视化、自助化、流程化的组件实现区块链数据自主分析、预览和取数,有利于提高数智化分析交互和数据可信能力。

(6)数据治理。

数据治理与数据资产相辅相成。数据资产构建各数据主题域,定义区块链数据存储规范,统筹区块链数据资源管理;数据治理能够实现区块链数据标准、元数据、数据质量、数据生命周期及安全管理,保障区块链数据资产质量,帮助区块链数据资产创造价值。

3. 技术生态

技术生态帮助区块链打造跨行业协作模式,为垂直行业应用赋能锦上添花,主要包括以下6部分内容。

(1)人工智能。

如果将人工智能喻为汽车油门,区块链则可以喻为刹车,结合人工智能的区块链技术使数据分析和决策在符合规范和监管的前提下,变得更加智能。通过引入分布式学习系统和新的数据分离技术,提高区块链处理效率。通过结合联邦学习等技术,提高业务数据安全性。

(2)云边计算。

云边计算是一种集中化计算与边缘计算协同的能力,区块链共识节点一般在企业当地机房部署,这种部署方式更像是私有链,如果要构建联盟链,推荐的做法是将部分区块链节点部署在边缘机房。除此之外,可以在边缘机房增设非共识节点,非共识节点只同步链上数据,不参与共识,这样能够保障共识节点在统一管理的前提下,提高边缘系统数据查询效率。

(3)元宇宙。

元宇宙应用于实体业务与虚拟世界之间的映射,发挥社会治理、激励能力,拓展区块链多中心化的权益确权和价值流转特性。

(4)5G。

5G使区块链在规模化、工业化、实时化等业务场景中得到广泛应用。"区块链+5G"有助于垂直行业应用赋能,在跨领域、跨行业协作中发挥重要价值。

(5)工业互联网。

工业互联网有利于构建基于设备可信认证、海量数据分布式采集和存储、溯源汇聚和分析的区块链工业服务体系。

(6)物联网。

物联网使设备监控、家居互联、终端支付、车联网等业务场景下的网络环境更可靠、数据共享更安全、分布式计算更快捷。

第2章

区块链技术

通过学习区块链基础概念和生态架构等内容，相信读者已经对区块链有了初步的认识。本章将展开介绍区块链生态架构中技术协议层各部分内容。

2.1 区块链技术协议

在区块链生态架构的赋能体系结构中，有一层被命名为技术协议，包含比特币、以太坊、EOS等内容，尽管这些系统实现的技术协议略有差异，但笔者将它们抽象为统一的分层架构，如图 2-1 所示。

图 2-1　区块链技术协议架构

技术协议是区块链的内核和主体，主要包括以下 5 层。

（1）数据层。

数据层是区块链最基础的技术协议，定义区块链基础数据结构和算法。主要包括由哈希函数、加密算法、默克尔树、时间戳组成的区块链基础数据和算法,以及由账号体系、交易结构、区块结构和链式结构组成的区块链特色结构和算法。

（2）网络层。

网络层是区块链数据传输和价值互联的基础,基于 P2P 模型构建而成,描述交易、区块等数据如何交互、同步并验证。网络层和其上层共识层决定区块链中心化程度,决定区块链网络节点类型和物理部署方式。例如,根据共识层的特性,将节点全部划分为共识节点进行部署,或引入非共识节点,仅同步来自共识节点的数据而不参与共识,分担服务交互压力,如图 2-2 所示;当然,不同的区块链系统也可以基于共识和非共识节点,定义其他类型的节点,采用不同方式部署。

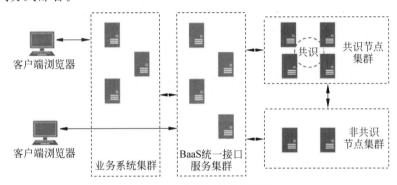

图 2-2　区块链网络部署架构

（3）共识层。

共识层是区块链分布式技术的引擎,定义各类共识算法。共识算法描述区块链节点如何在分布式网络环境中,周期性地就区块上链的提案达成一致。共识算法视应用场景而定,决定区块链生态落地形式(公有链、联盟链、私有链),影响区块链性能(吞吐量/TPS 等)、安全性及可靠性,且与奖励机制(激励机制)息息相关,例如,公有链必须通过数字货币或其他奖励机制督促各节点竞争创建区块,联盟链可选择性使用奖励机制,私有链不需要使用奖励机制。在这里补充一下,在有些论文和资料中,往往将奖励机制作为单独一层,而笔者考虑奖励属于经济和管理手段,并非实际技术,因此不在技术协议中定义该层。

（4）合约层。

合约层是区块链可编程性的基础和应用赋能的核心,能够将代码执行流程嵌入区块链共识上链流程,保证达到预定条件后,代码在分布式节点自动执行、结果一致。涉及的技术包括早期简单的脚本系统及新兴的智能合约、虚拟机技术。

（5）拓展层。

拓展层是为了提高区块链安全性、吞吐量、存储容量或满足特殊场景需求而衍生的技术协议。

2.2　数据层

如前言所述,区块链是在前人的肩膀上构建起来的,那么前人创造的技术有哪些? 区块链又是如何组装和应用它们的? 从本节起,将从数据层开始,逐层向上,为读者揭秘区块链各项技术。

2.2.1　哈希函数

哈希(Hash)函数又称散列函数,是密码学的一个重要分支,它接收任意长度的输入(明文),通过一些计算产生固定长度的输出(密文),该输出被称为哈希值(消息摘要)。

区块链使用哈希函数的典型场景包括以下两个。

(1)确定数据完整性。

在区块链交易签名等场景,使用哈希函数计算交易摘要,确保数据在全网传输过程中未被篡改。

(2)保障数据准确性。

哈希值作为区块链交易、区块等结构的唯一标识,方便检索、查重。

这些场景使用哈希函数依赖于它的以下5个特性。

(1)不可逆。

只能将明文转换为密文,几乎不能反向地将密文转换为明文。即给定一个哈希值,在有限时间内,找到输入数据,将输入数据代入哈希函数,计算得到该哈希值,从理论上说是不可能的。

(2)抗碰撞。

理想情况下,哈希函数是无碰撞的,实际中,很难满足,但存在两种抗碰撞性:一种是"弱抗碰撞性",即给定任意一个输入数据,可以找到另一个输入数据,将两个输入数据代入相同的哈希函数,计算得到的哈希值是不相等的;另一种是"强抗碰撞性",即对于任意一对不同的输入数据,代入相同的哈希函数,计算得到的哈希值是不相等的。

(3)易计算。

相比于逆向困难,正向哈希计算能够在有限资源和时间内完成。

(4)压缩性。

任意长度的输入数据,能够转换为较短的固定长度的哈希值,例如,SHA-256 哈希函数计算的哈希值长度为 256 位,SHA-512 哈希函数计算的哈希值长度为 512 位,其中,SHA将在下文具体介绍。

(5)敏感性。

对输入数据稍作修改,代入哈希函数,计算得到的哈希值变化较大。

哈希函数有哪些代表性技术?

SHA(Secure Hash Algorithm,安全散列算法)和 MD(Message Digest,消息摘要)是典型的哈希函数。2002 年,美国国家标准与技术研究院推出 SHA-2,解决了 SHA-1 抗碰撞性弱等问题。SHA-2 包含 SHA-256、SHA-512 等版本,在比特币等区块链技术协议中,SHA-256 被广泛应用。2012 年,美国国家标准与技术研究院评出 Keccak 算法作为第三代 SHA (SHA-3)的标准算法,使其在以太坊等区块链技术协议中得到应用。

2.2.2　加密算法

加密算法分为非对称和对称两类。区块链常用的加密算法包括 ECC(Elliptic Curve Cryptography,椭圆曲线密码学)非对称加密算法和 AES(Advanced Encryption Standard,高级加密标准)对称加密算法。

区块链使用加密算法的典型场景包括以下两个。

（1）校验消息发送方身份。

在区块链交易发送等场景，发送方加密交易数据，生成交易签名，接收方解密签名，验证交易是否来自该发送方。

（2）确保数据传输和存储安全。

在区块链钱包中，使用加密算法保存密钥信息，确保密钥无法被轻易获取。

加密算法有哪些代表性技术？

首先，介绍 ECC 非对称加密及签名算法，该算法在比特币、以太坊、EOS 等区块链技术协议中广泛使用。1985 年，ECC 由 Neal Koblitz 等提出，它的安全性基于椭圆曲线离散对数问题的困难。椭圆曲线数字签名算法使用私钥对消息摘要签名，使用公钥验证签名，由于计算离散对数是非常困难的，公钥逆推私钥几乎是不可能的，即其他人假冒私钥拥有者几乎是不可能的。签名算法包括发送加密和接收解密等流程，如图 2-3 所示。

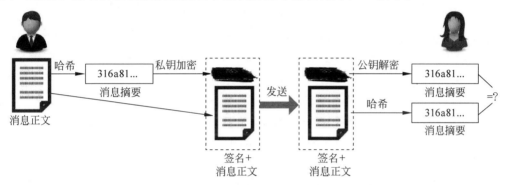

图 2-3　非对称加密算法加解密流程

消息发送前，发送方将消息正文代入哈希函数，计算得到消息摘要，使用私钥对摘要加密，获得签名，签名随消息正文一同发送至接收方；消息接收后，接收方用公钥解密签名，获得消息摘要，同时将消息正文代入相同的哈希函数，计算得到另一个消息摘要，最后，对比两摘要是否一致。该流程既完成了消息发送方身份验证，又完成了消息完整性验证。

相比于上文的私钥加密、公钥解密的方式，非对称加密算法同样支持公钥加密、私钥解密的方式，这种方式适用于数据加密传输场景，确保消息发送方发送的数据只能接收方查看。

其次，介绍 AES 对称加密算法。2002 年，AES 由美国国家标准与技术研究院建立，AES 的标准算法是 Rijndael，由 Joan Daemen 和 Vincent Rijmen 设计。在以太坊等区块链技术协议中，AES 采用计数器模式，能够高效、并行地计算不同的密文数据。

哈希函数、非对称和对称加密算法等技术构成了 PKI（Public Key Infrastructure，公钥基础设施）体系的基础。

2.2.3　默克尔树

默克尔树（Merkle Tree）是一种哈希二叉树，是自底向上构建的用于汇聚大量数据块的结构，它将所有数据块（哈希值）分布至叶子节点，叶子节点两两汇聚，计算新的哈希值，哈希值作为新的数据块存储在父节点，通过重复同样的过程，直至唯一一个数据块（哈希值）汇聚在根节点。区块链使用默克尔树的典型场景是将周期内打包的交易通过树的形式汇聚唯一标识,存储在区块中,方便快速归纳和校验大规模区块中交易数据的完整性。

比特币、以太坊、EOS 等区块链技术协议均使用默克尔树或其变体。例如,在比特币中,默克尔树的构建过程将交易哈希值存储在叶子节点,采用连续两次的 SHA-256 哈希函数计算结果作为新的哈希值,层层汇聚,形成树根哈希值,存储在区块头中,如图 2-4 所示。

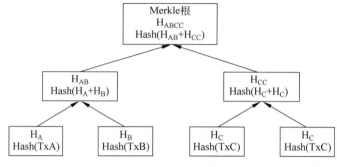

图 2-4　默克尔树构建逻辑

该树构建过程,若交易数为奇数,则最后一个叶子节点重复存放最后一个交易哈希值。用 H_X 表示 X 节点的哈希值,TxY 表示 Y 交易,Hash(TxY)表示对 TxY 连续两次 SHA-256 计算,例如:

(1) H_A＝Hash(TxA)＝SHA-256(SHA-256(TxA))。

(2) H_B＝Hash(TxB)＝SHA-256(SHA-256(TxB))。

(3) H_{AB}＝Hash(H_A＋H_B)＝SHA-256(SHA-256(H_A＋H_B))。

依次两两计算哈希值,直至生成根哈希值。

在这种结构约束下,只要有一个交易数据被篡改,则交易哈希值变更,树根哈希值跟着变更,整个区块哈希值也随之变更,原有区块链式结构将被打破。当一节点试图这样做时,它需要构造一条能够替代原有链式结构的完整的区块链,这几乎是不现实的。

由于交易数量庞大,区块链所有节点存放完整交易数据是不明智的。实际中,往往引入 SPV(Simple Payment Verification,简单支付验证)节点,该节点仅保留区块头,验证交易过程需要从完整节点中查找交易相关默克尔路径,计算该路径树根哈希值与自己的树根哈希值是否相同,如图 2-5 所示。

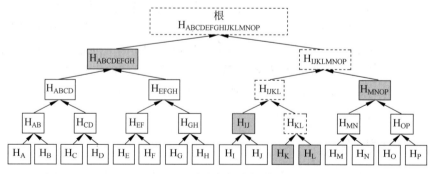

图 2-5　默克尔树验证逻辑

H_K 代表特定交易节点,H_L、H_{IJ}、H_{MNOP}、$H_{ABCDEFGH}$ 是到达树根需要的其他节点,它们就是默克尔路径,要确认交易 H_K 是否存在,仅需要提供默克尔路径上的哈希值即可,相比于交易遍历等方式,这种验证效率是很高的。

同时,为了避免 SPV 节点网络交互过程,暴露其仅对特定交易感兴趣,从而被恶意节点监控分析,造成交易地址、钱包等数据泄露,特别引入布隆过滤器来过滤交易,保证节点获取的交易是通过描述特定的关键词组合而获取的,并不是基于对交易信息的精确表述而获取的,解决 SPV 节点隐私风险问题。

2.2.4 时间戳

区块链的交易和区块结构包含时间属性,该属性用于标识生成时间,但将区块链时间戳理解为这些属性是片面的。

区块链时间戳说明区块链在时间上是有序的,是不同时间内一次次消耗资源后,对交易上链及区块链接状态的一种认可。通过对区块进行哈希计算而加上时间戳,将哈希值进行广播。显然,该时间戳能够证明区块和交易必然于某时刻存在,因为只有在该时刻存在,才能获取相应的哈希值。每个时间戳应当将前一个时间戳纳入其哈希计算中,每一个随后的时间戳都对之前的时间戳进行了一种增强计算,这样就形成了一个链条。

时间戳可以作为区块和交易数据的存在性证明。时间戳的这种设计,有助于形成不可篡改或伪造的数据库记录,使篡改或伪造一个链条上某笔交易的困难程度是按时间指数倍增加的,越早的交易越难篡改。这是因为改动该交易意味着该区块默克尔树根哈希值失效,需要改动该区块及后续所有区块的数据,直至最新的区块。一个区块的上链需要付出的资源(包括算力、时间等)都是巨大的,更何况改动这么多区块。因此,篡改或伪造历史交易是几乎不可能的。

时间戳的这种设计,为区块链应用于时间敏感的业务领域奠定了基础,时间戳为未来基于区块链的 DApp 增加了时间维度,使得通过区块、交易及时间戳重现历史成为可能。

2.2.5 账号体系

不同于传统系统(尤其是金融系统)的账号体系,随着比特币等数字货币的兴起,以区块链为代表的分布式账号体系被认为是包括金融科技在内的多种业务领域中最有发展潜力的技术,这种全新的账号体系衍生出了新的业务模式,是具有颠覆性和革命性的。

新的账号体系的典型场景包括以下两个。

(1) 交易发送(数字货币支付)。

当用户需要将数字货币转给另一位用户,需要通过账号标识交易双方身份、支付地址等信息。

(2) 智能合约交互。

当用户完成智能合约开发、编译后,往往将其部署在一个特定的区块链账号上,后续可以指定账号进行智能合约调用。

在区块链账号体系中,账号通常用于声明余额、智能合约或其他持久化数据的归属权,之所以能够声明,是因为底层基于私钥、公钥和地址这 3 个基础要素。私钥、公钥和地址之间的关系,如果用一句话描述,就是:通过随机数和密码学技术生成私钥,私钥生成公钥,公钥生成地址,整个过程是单向不可逆的。

（1）私钥。

私钥可以理解为银行卡密码，只不过生成过程和表示方法更加复杂。私钥由二进制 0、1 组成，通过一些简单的编码（例如，Base58）变得更让人容易识别。至少在量子技术应用起来之前，破解私钥是几乎不可能的，因为就算把世界上的计算机都运转起来，也运算不到它的亿分之一。

（2）公钥。

公钥用于验证私钥签名。不同于私钥，公钥能够在区块链网络公开。具体地说，每次交易发生，发送方需要使用私钥进行签名并广播至区块链网络，网络上各节点均可以通过公钥验证这笔交易的合法性。

（3）地址。

地址可以理解为银行卡卡号，它由公钥通过密码学技术加工产生，在比特币等区块链技术协议中，支付交易的目的地就是它。

除此之外，还衍生出了钱包、密码、账号名称（账号标识）及账号权限 4 个元素。

（1）钱包。

钱包，顾名思义，是保存银行卡的地方，在区块链中，用户签名使用的私钥信息就保存在这里。

（2）密码。

密码即钱包密码，用于加密私钥信息，相当于用户保存银行卡密码时，为密码加了把锁。用户使用私钥时，需要首先输入密码解锁。密码能够防止钱包"丢失"后，私钥被其他用户轻易使用。

（3）账号名称。

账号名称用于简化区块链公钥、地址的表示方法。尽管地址等元素已经尽量使用户便于识别，但由于长度较长、编码无任何意义，识别起来仍然不便，因此，在 EOS 等区块链技术协议中专门使用较短的字符串标识账号，例如，eosio 账号就是 EOS 的创世账号，用于部署 EOS 系统合约。

（4）账号权限。

哪些账号能够发送这些交易，哪些账号能够调用这些智能合约，这些都是需要权限控制的，因此，在 EOS 等区块链技术协议中，建立并完善了账号权限体系，例如，owner 权限和 active 权限就是 EOS 账号默认拥有的权限，能够调用智能合约。

2.2.6 交易结构

交易这个概念是抽象的，区块链交易是指与区块链交互过程发送的一次请求消息。交易和账号存在关联关系，交易是面向账号的，交易的每次执行会修改区块链账号数据，如图 2-6 所示。

区块链交易主要包含以下两种类型。

（1）数字货币支付交易。

数字货币支付交易用于将指定金额的数字货币从发送方账号转账至接收方账号。这种情况下，往往在交易中指定双方账号（地址）及支付金额等信息。

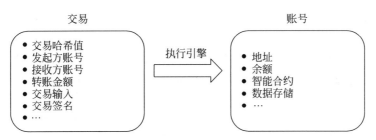

图 2-6 交易和钱包的关系

（2）智能合约交互交易。

智能合约交互交易又分为智能合约部署交易和智能合约调用交易。前者用于将智能合约编译产生的二进制字节码部署在区块链上，部署过程需要将字节码等输入数据传递过去；部署后，通过后者实现智能合约调用，调用过程需要将智能合约调用的关键信息（包括智能合约函数和入参等）编码后，作为输入数据传递过去。

用户将交易发送至区块链网络后，会收到一个交易回执，回执往往包含交易所在区块及日志等信息。由于交易发送后，需要通过共识机制在全网中进行确认及验证，使得该笔交易上链后变得不可逆（不会被下链，这部分在后文解释），因此，回执中的信息不能作为交易上链且不可逆的依据，如果用户需要确认交易是否真正上链且不可逆，需要参考共识机制与官方建议，根据交易所在区块后有多少个区块上链来确认，例如，比特币等区块链技术协议取6个区块。

2.2.7 区块结构

区块是一种用于保存交易等信息的数据结构，可以理解为区块链分布式账本中的账页。不同的技术协议往往定义不同的区块结构，在这里，介绍几个核心的区块结构，如图 2-7 所示。

区块由区块头和区块体两部分组成。

（1）区块头。

区块头包括区块哈希值、区块高度、共识特征值、默克尔树根哈希值等属性。其中，区块哈希值唯一标识一个区块；区块高度从 0 或 1 开始，例如，比特币、以太坊等区块链技术协议取 0，EOS 等区块链技术协议取 1，区块高度逐渐递增，特殊地，高度为 0 和 1 的区块被称为"创世区块"；共识特征值是指根据不同共识算法填充的一些必要数据，例如，比特币等区块链技术协议采用基于工作量的共识算法，需要在区块中保存工作量难度值等参数；默克尔树根哈希值由区块体交易等数据计算得到。

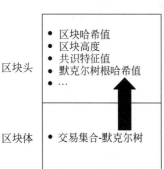

图 2-7 区块结构

（2）区块体。

区块体主要保存交易集合或其他数据，交易逐层汇聚形成默克尔树，树根哈希值则保存在区块头中。

2.2.8   链式结构

区块链,顾名思义,就是区块之间前后链接形成的一种数据结构。区块链中,后一区块(子区块)通过引用前一区块(父区块)哈希值的方式唯一指向前一区块,形成链式结构,如图 2-8 所示。

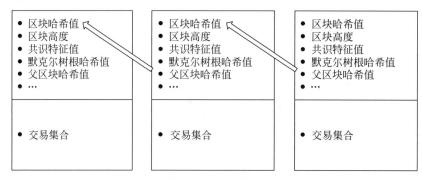

图 2-8   区块链结构

在公有链和特殊共识算法中,区块链分叉较为常见,即发生了多个区块指向同一区块的情况。分叉后,区块链将由单链结构演变为树链结构。树链结构各分支并不都是有效的,一般只有一条分支是有效的,一般该分支被称为主链或有效分支。有效分支可能会发生变化,因此区块和交易数据往往是可逆的,例如,在比特币等区块链技术协议中,以工作量难度值最高的一个分支作为当前时刻或当前区块链高度的有效分支。为什么是当前时刻?因为随着时间推移,不同分支的工作量难度可能会发生变化,有效分支会切换,所以,当用户需要确认一笔交易上链且不可逆时,建议等待 6 个区块上链,1 个区块的创建和共识过程平均耗费10 分钟,多上链 6 个区块就需要比全网多耗费 1 小时,工作量增加,困难可想而知。

2.3   网络层

区块链分布式特性与 P2P 网络天然耦合,二者相辅相成。本节主要介绍基于 P2P 模型的区块链网络。

2.3.1   网络模型

计算机网络包含两种经典模型: C/S(Client/Server,客户端-服务器)模型和 P2P 模型。

(1) C/S 模型。

客户端与服务器是主从关系,是一种多对一的模式。网络传输数据主要保存在服务器上,当用户需要获取数据时,必须先通过客户端访问服务器,然后才能获取,不同用户无法通过客户端进行直接交互,均需要通过客户端与服务器交互。C/S 模型发展过程,衍生出了B/S(Browser/Server,浏览器-服务端)模型,浏览器成为客户端,也称为瘦客户端,相比于C/S 模型,B/S 模型更加轻量级。

(2) P2P 模型。

不同于 C/S 模型,P2P 模型不区分客户端和服务器,或者说网络中的每个节点既是客户端又是服务器,它们是对等的,既能作为服务的请求者又能为其他节点提供服务。

相比于 C/S 模型,P2P 模型更具有去中心化、可拓展性、健壮性等特点,其核心优势就是全网平等,这与区块链刚刚兴起时的思想高度契合,因此,区块链采用了全分布式的 P2P 模型。但随着区块链和业务发展,联盟自治、可审计、高性能等需求日益增多,区块链节点也不再是完全平等的,节点被分为超级节点与一般节点、全节点与轻节点、共识节点与非共识节点等类型,P2P 模型也衍生出中心化拓扑、全分布式非结构化拓扑、全分布式结构化拓扑及半分布式拓扑。

2.3.2　传输机制

区块链网络传输机制主要涉及以下 4 点。

(1) 节点发现。

P2P 节点支持连接指定节点,在公有链等环境中,支持周期性检测并连接新的节点;P2P 节点维护已连接节点列表时,可通过心跳机制识别节点存活状态。

(2) 交易广播。

客户端将交易发送至特定 P2P 节点后,由该节点验证交易(包括签名、重复性、智能合约等数据)并广播至其他节点。

(3) 区块同步。

一方面,P2P 节点在共识算法驱动下,打包来自各节点的交易,产生区块后广播至其他节点,各节点验证该区块(包括哈希值、高度、共识特征值等参数)并上链;另一方面,节点主动发送区块同步消息,获取其他节点的历史区块并批量上链,此情况适用于新节点加入网络、节点宕机重启等场景。

(4) 安全防护。

节点能够通过配置布隆过滤器、订阅主题等方式过滤网络传输数据,具备 DDoS 防御等能力。

P2P 实现协议包括 Gossip、Whisper 等。

2.4　共识层

共识的主要作用是保证同一网络中的各节点在一套规则约束下,对是否处理(计算和存储)某一提案(数据包)达成一致意见,使各节点处理动作相同(要么都处理,要么都不处理),最终达成网络节点数据一致的状态。在传统中心化系统中,节点一致性状态依赖于中心服务器:中心服务器创建一个提案并下达处理指令,其他节点只需要依照中心服务器指令,上传下达完成提案同步;而在区块链这种分布式账本系统中,节点一致性状态依赖于多节点:这些节点周期性地协商选择一节点作为记账节点,由该节点创建账页(区块),其他节点验证账页并同步记账(区块上链)。上文提到的这套规则就是共识算法,共识算法的核心就是协商选择记账节点并同步记账,参与协商的节点统称为共识节点。目前市场上主流的共识算法包括 PoW、PoS、DPoS、Raft 及 BFT,本节将为读者依次介绍。

2.4.1　PoW

PoW(Proof of Work,工作量证明)算法约定共识节点进行暴力数学运算,每个周期内,将运算工作量最大(算力最高)的共识节点作为记账节点,将其产生的区块上链。该算法有完全去中心化的优点和算力不均衡、资源浪费、共识周期长的缺点,在公有链等场景使用较多,比特币、以太坊(Frontier、Homestead、Metropolis 版本)等区块链技术协议使用了该算法。

在 PoW 算法中,参与数学运算的共识节点叫作"矿工",进行数学运算求解的过程叫作"挖矿"。共识过程是创建区块并求解一个数学难题的过程,在每次共识前,区块链产生一个目标值,该值与运算难度系数相关,共识过程生成一个随机数,将随机数与区块头信息结合起来进行哈希值计算,然后比较计算结果与目标值,如果小于或等于目标值,则认为创建区块成功,否则,重新生成随机数进行哈希计算,直到小于或等于目标值为止。创建区块后广播全网,网络节点验证区块后完成上链。对于求解该目标值的过程只能通过不断运算获得,整个过程只与运算工作量相关,因此,可以通过运算求解的速度来判断节点算力。

虽然共识过程比较耗时,但校验过程却异常简单,只需要将随机数与区块头信息重新结合起来进行哈希值计算,并判断是否小于或等于目标值即可。由于不同节点在一个周期可能先后创建区块并上链,造成区块链分叉,因此 PoW 算法约定难度值最高的一个分支作为有效分支。通过 PoW 算法,全网共同竞争求解随机数,倘若某些共识节点想控制区块链,只有汇集全网算力达到 51%(及以上)才可以实现,这对于公有链来说几乎是不可能的,因此,PoW 算法可以维持全网节点的一致性并较大程度防止节点造假。

只有共识产生回报,才能吸引共识节点加入。例如,比特币之父中本聪将 PoW 算法与奖励机制结合,承诺总计奖励 21 000 000 个比特币,每次共识,从剩余奖励中拿出一部分奖励共识节点。实际上,从创世区块起,每次共识会奖励 50 个比特币,此后每产生 210 000 个区块,奖励减半,因为全网平均共识周期约 10 分钟,这意味着每 4 年共识奖励减半一次,这种做法能够有效防止通货膨胀。

2.4.2 PoS

PoS(Proof of Stake,权益证明)算法同样基于 PoW 数学运算机制选择记账节点,但成为记账节点的难度与节点持有权益成反比。相对于 PoW 算法,该算法一定程度上弥补了数学运算的缺点,算法能够根据每节点持有的权益,等比例地降低共识难度,从而加快共识效率。以太坊(Serenity 版本/2.0 版本)等区块链技术协议基于该算法进行迭代演进。

权益有多种表示方式,最常见的一种就是币龄,简单理解就是所持有数字货币的时间段长度。具体来讲,币龄是节点所占数字货币的数量(比例)和时间通过数学运算产生的结果。不同于 PoW 算法,PoS 算法使节点创建区块时提供币龄证明,通过在创建区块时输入一定数量的数字货币,从而证明该节点对数字货币的所有权,以此调整共识难度系数。

PoS 算法定义了一种新的交易,会消耗币龄,从而获取在网络中生成区块的权利。PoS 交易首先需要一定的输入,接下来的过程与 PoW 算法的共识过程类似,同样是求解随机数,与区块头信息结合起来进行哈希值计算,使计算结果小于或等于目标值。但是 PoS 算法计算哈希值的难度会降低,这样会极大地缩小寻找随机数的空间,减少能源消耗。共识过程,交易的输入越多,哈希计算空间会越小,寻找随机数的难度也越低。不同于 PoW 算法,PoS 算法使节点目标值各不相同,权益大的节点更容易共识。

不同于 PoW 算法的校验方法,PoS 算法对有效分支的判断不再基于难度系数,而是根据币龄消耗。PoS 交易需要消耗币龄,最终区块链选择币龄消耗最多的分支作为有效分支。

这样的设计降低了基于 PoW 算法所提出的 51%算力攻击问题,因为在 PoS 算法中,节点首先要控制足够多的货币,只有达到足够币龄后才可以伪造区块,而这个过程所要消耗的成本远高于汇聚全网 51%算力的成本;同时,节点在攻击有效分支时会消耗币龄,对于该节点也是一种损失。

2.4.3 DPoS

DPoS(Delegate Proof of Stake,股份授权证明)算法采用了股东选举董事会和董事会代理记账的机制,该算法限制了 PoS 记账节点范围,由数字货币持有者投票选择一定数量的节点,代表他们进行记账。该算法性能、资源消耗和容错性与 PoS 相似。EOS(最初版本)等区块链技术协议使用该算法。

DPoS 算法主要包含以下两种类型的节点。

(1)股东。

股东为数字货币持有者,投票选择一定数量的董事,代表股东进行记账。

(2)董事。

董事代表股东进行记账,一般采用每个周期轮流记账的方式。

DPoS 算法的核心原理为:每个股东的持股比例等价于其拥有投票的权益大小,51%股东投票的结果是有说服力且难以篡改的。每个股东可以为董事投票,得票数量最多的前 N 位董事按约定周期轮流产生区块,即每位代表分配到一个时间段来产生区块,所有董事将收到一部分交易手续费作为共识奖励。DPoS 算法涉及以下两个流程。

(1)投票代表。

股东持有一定量数字货币,通过钱包创建一个投票类型的交易,用于选择董事。选举生效后,董事加入董事会,轮流产生区块并同步至其他节点验证上链。

(2)监控代表。

每个钱包指示董事表现情况,股东通过数字货币发起交易进行董事变更。例如,如果董事产生的区块被其他节点验证无效,则支持在创建更多交易前投票给新的董事。

由于股东投票权是分散的,因此很难将权益集中到单一代表上,也很难让攻击者轮流对每个周期生产区块的代表进行拒绝服务攻击。

2.4.4 Raft

Raft 算法由 Diego Ongaro 和 John Ousterhout 提出,由 Paxos 算法衍生而来。首先,简单介绍一下 Paxos 算法:1990 年,Paxos 算法由 Leslie Lamport 提出,该算法是传统分布式系统一致性问题的解决方案,它基于消息传递和少数服从多数的机制使参与者对数据包的处理达成一致,从而保证多节点数据一致性,Google Chubby 和 Yahoo ZooKeeper 均使用该算法。但由于该算法较为复杂,衍生出了精简版的 Paxos 算法,即 Raft 算法。Raft 算法被引入区块链后,通过少数服从多数的投票选举等机制选择一个记账节点统一下达区块上链命令,各节点同步区块并上链。Raft 算法主要适用于私有链和可信的联盟链场景,最大容错节点数量是 $(N-1)/2$,且这个容错指的是允许节点宕机等类型的错误,而不是拜占庭容错。什么是可信的?什么是拜占庭容错?将在 2.4.5 小节介绍。

Raft 算法主要包含以下 3 种类型的节点。

（1）领导者。

领导者即记账节点，产生区块后同步至其他节点。领导者从候选者投票选举产生。

（2）候选者。

候选者等待成为领导者。候选者由跟随者切换角色产生。

（3）跟随者。

跟随者完全被动地接收区块并上链。跟随者可以选择成为候选者。

Raft算法通过划分时间片（Term）的方式选举领导者并记账，如图2-9所示。

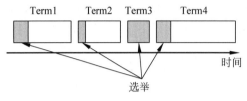

图 2-9　Raft 算法时间片

每个时间片存在 0 个或 1 个领导者，如图 2-9 所示，第 3 个时间片选举领导者失败，该时间片不存在领导者，无法进行记账，只能进入下一个时间片重新选举。

Raft算法的主要流程包括以下两个。

（1）领导者选举。

跟随者通过超时计时器决定是否加入领导者选举，如果超时前未收到领导者发送的心跳消息，则跟随者成为候选者，时间片序号加 1；否则，计时器重置。成为候选者后，广播 RequestVote 消息，如果收到多数回复，则成为领导者，后续均由该节点记账，除非发生宕机等情况；如果选举超时，则重新选举，时间片序号同样加 1；如果一个候选人或者领导者收到时间片序号较大的领导者发送的 AppendEntries 消息或心跳消息，则更新时间片序号并转换为跟随者；同时，节点会拒绝时间片序号较小的消息。

（2）领导者记账。

领导者产生区块，广播 AppendEntries 消息向各节点同步区块，如果收到多数回复，则执行区块上链操作；其他节点后续将持续接收 AppendEntries 消息或心跳消息，识别区块上链情况，将之前已收到的区块进行上链。

2.4.5　BFT

BFT（Byzantine Fault Tolerance，拜占庭容错）机制属于传统分布式系统的共识机制，它的实现算法包括 PBFT（Practical Byzantine Fault Tolerant，实用型拜占庭容错）、HotStuff 等。拜占庭容错算法主要应用于联盟链场景，最大容错节点数量是 $(N-1)/3$。相比于 Raft 算法，拜占庭容错算法具备拜占庭容错能力。什么是拜占庭容错？下面从一个故事讲起。

某国想要进攻一个强大的敌人，派出了 4 支军队去包围这个敌人，这个敌人足以抵御 2 支该国军队的同时进攻。基于一些原因，这 4 支军队不能集合在一起单点突破，必须分开包围并同时进攻，而任一支军队单独进攻都毫无胜算，除非至少 3 支军队同时进攻才能成功。4 支军队分散在敌国的周围，依靠通信兵相互通信来协商彼此的进攻意向和进攻时间。困扰各军队将军的问题是，他们不确定其他军队是否有叛徒，叛徒可能伪造进攻意向或进攻时间，导致协商失败。这种情况下，这些将军们能否找到一种分布式的协议来让他们能够协商成功？这就是著名的拜占庭将军问题。

如果共识算法能够解决拜占庭将军问题，那么它就是具备拜占庭容错能力的；如果区块链网络不存在拜占庭将军问题，那么这个环境可以理解为是可信的。

拜占庭容错算法基于3PC(Three Phase Commit,3阶段提交)机制实现拜占庭容错能力,该算法每个共识周期(轮次或视图,用递增序号标识)分为3个阶段,如图2-10所示。

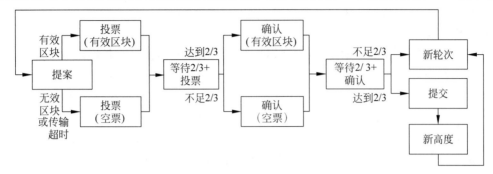

图2-10 BFT机制流程

(1) 提案。

选择一个共识节点(例如,通过共识节点数量与序号取模的方式)广播提案消息(包括区块和序号等信息)。

(2) 投票。

各共识节点收到提案消息,验证后进入投票阶段,并广播投票消息(包含序号等信息)。收到投票消息,验证后判断消息数量,如果收到有效消息的数量不小于2/3,则进入确认阶段,广播确认消息(包含序号等信息)。

(3) 确认。

各共识节点收到确认消息,验证后判断消息数量,如果收到有效消息的数量不小于2/3,则共识协商成功,共识节点进行区块上链。

2.4.6 衍生算法

为了避免基于工作量证明机制的共识算法的缺点,实现区块链版本平稳过渡,在以太坊等区块链技术协议中引入了基于BFT机制的PoS算法:Casper。这种算法基于3阶段提交流程确保区块链数据一致性,提高共识效率的同时,保证只要2/3权益掌握在可信节点,就能够避免节点伪造区块,其他基于BFT机制的PoS算法还包括Tendermint、Algorand。

除此之外,EOS也在版本演进中使用了BFT和DPoS结合的算法,该算法通过投票方式选择一批节点轮流创建区块,每个节点连续产生12个区块,每个区块创建速度(间隔)控制在0.5秒,一旦区块达到不可逆状态(实现BFT机制的2/3共识节点确认),就不能在此之前进行分叉,确保交易永久可信。

2.5 合约层

区块链基于编程能力实现业务赋能,编程使DApp百花齐放。区块链编程技术由比特币脚本系统发展而来,成熟于智能合约等技术,本节将一一介绍。

2.5.1 脚本系统

在比特币等区块链技术协议中,使用的是脚本系统。脚本是一种简单的、基于堆栈的语言。一个脚本本质上是附着在比特币交易上的一组指令集合。

比特币交易的验证依赖于两类脚本：锁定脚本（输出脚本）和解锁脚本（输入脚本）。二者的不同组合可在交易中衍生出无限数量的控制条件。

（1）锁定脚本。

锁定脚本是附着在交易输出上的"障碍"，规定了后续花费这笔交易输出的条件。

（2）解锁脚本。

解锁脚本是满足被锁定脚本在一个输出上设定的花费条件的脚本，它允许输出被消费。

比特币脚本是智能合约的雏形，催生了人类金融和科技史上第一个可编程数字货币。然而，比特币脚本系统是非图灵完备的，是不具备复杂循环条件和控制逻辑的，它降低了脚本逻辑的复杂性和不确定性。但相比高级脚本语言，该方式不够灵活。

脚本系统中定义了很多指令，包括流程控制、堆栈处理、位操作、算数逻辑操作、字符串操作及加密操作等。脚本系统规定，指令为 1 字节，也就是说，最多只能有 256 种指令。脚本协议规定了执行每个指令时要对堆栈进行什么操作。例如，栈中依次压入如下数据：(a,b,c,d,e)；OP_ADD 从栈中依次取出两个数据，即 e 和 d。计算 $f=e+d$，然后将 f 压入，此时元素为 (a,b,c,f)；OP_DUP 从栈中复制一个数据，即 f，复制后再次压入，此时元素为 (a,b,c,f,f)；OP_PUSHDATA1 压入数据，将紧随指令后面的 1 字节的数据（例如，g）压入，此时元素为 (a,b,c,f,f,g)。

如上所述，比特币的脚本系统借助堆栈进行运算，验证交易时，脚本系统依次读取每个指令，并对堆栈进行操作。所有指令结束后，检查堆栈中数据，如果均为 TRUE，则认为交易有效，否则无效。

2.5.2　智能合约

抽象地说，智能合约是实体（个人、机构）和财产之间形成关系的一种法律约束，是形成关系和达成共识的协定。智能合约体现了"代码即法律"的内涵，智能合约通过这种方式与现实世界的财产进行交互：智能合约条款以代码形式嵌入硬件或软件处理流程，当一个预先定义的条件被触发时，智能合约执行对应的条款，更新实体和财产之间的关系。一方面，条款执行流程被全网公认，执行过程流程化、自动化，不会受到人为干预；另一方面，条款执行结果一致且不可篡改。

简单地讲，智能合约是数据（状态）和代码（功能）的集合：智能合约定义数据结构，用于维护业务数据，例如，上文实体与财产之间的关系；智能合约定义函数，用于封装业务逻辑及相关数据结构的操作，例如，更新实体与财产之间的关系。

智能合约函数通过 ABI(Application Binary Interface,应用二进制接口)和外部业务系统交互，ABI 往往通过 JSON 文件表示，ABI 文件是智能合约编译后的产物。

区块链存储的智能合约都是二进制格式的，虚拟机执行这些二进制文件时，需要有一种合适的方式传递外部系统调用哪个智能合约的哪个函数，并传递哪些参数，通过对 ABI 中的 JSON 数据解析就可以得出这些信息。

这里将 ABI 和 API 进行对比：API 是程序间交互的接口，接口包含程序提供外界存取所需的函数、参数等内容；ABI 也是程序间交互的接口，但程序是被编译后的二进制字节码，传递的是二进制格式的信息，ABI 用于描述如何编解码程序间传递的二进制信息。

智能合约生命周期与业务流程息息相关,如图 2-11 所示。

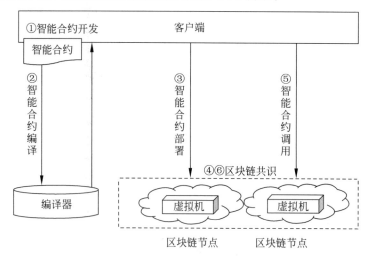

图 2-11 智能合约生命周期与业务流程

核心流程是部署和调用。

(1) 智能合约部署。

部署前,开发智能合约并编译为二进制字节码(同时产生 ABI 文件);编译后,将字节码等数据作为区块链交易的一部分,发送至区块链网络;发送后,在共识算法约束下,共识节点完成交易打包、区块生成和区块上链;上链后,智能合约绑定特定账号(智能合约账号),智能合约调用时需要使用它。

(2) 智能合约调用。

部署后,将智能合约账号和 ABI 入参数据作为交易的一部分,发送至区块链网络;发送后,在共识算法约束下,共识节点完成交易打包、区块生成和区块上链;上链后,在业务逻辑约束下,智能合约更新数据,区块链全局状态变更。

2.5.3 虚拟机

智能合约不能单独存在,它的执行依赖于执行模型,该模型描述了如何在初始环境和给定字节码指令下更新区块链状态,该模型就是虚拟机。

智能合约在虚拟机执行,如图 2-12 所示。

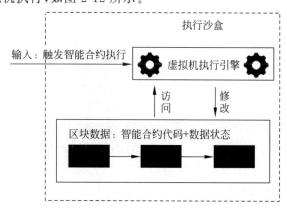

图 2-12 虚拟机执行环境

虚拟机可以理解为一个沙盒,当智能合约触发执行时,执行过程被沙盒封装起来,运行在沙盒内部的代码与网络、文件系统、其他进程隔离;智能合约执行后,区块链全局状态变更。

虚拟机的发展映射了区块链 1.0～3.0 时代的发展。

(1) 区块链 1.0 时代。

比特币是第一代区块链系统,是区块链 1.0 时代的缔造者。比特币的设计考虑了提供针对不同交易活动的内部支持,这种设计和实现就是脚本。比特币脚本扩展了传统交易的语义,保证交易的合法性和安全性。比特币脚本是智能合约的雏形,脚本的解释器实例也可以理解为一种虚拟机,这种虚拟机具有以下特点:一是栈式解释执行,执行流程简单;二是操作数据一体,避免额外存储;三是数据宽度稳定,空间使用松散;四是非图灵完备,有限执行时长。

(2) 区块链 2.0 时代。

以太坊是著名的智能合约开发平台,是区块链 2.0 时代的领航员。以太坊为用户提供了一套完整的智能合约执行环境,包括完整的智能合约描述语言和图灵完备的虚拟机。以太坊设计并实现了 Gas 机制,确保智能合约执行过程不会陷入死循环,正如汽油一般,Gas的获取依赖于数字货币(以太币),Gas 的数量影响智能合约执行命令的条数。以太坊使用了 EVM 和 Solidity 智能合约语言,还支持 LLL、Serpent 等语言。EVM 本质上依然是一个基于栈的解释器,但它是图灵完备、与智能合约账号密切关联的。

(3) 区块链 3.0 时代。

EOS 是企业级区块链操作系统,是区块链 3.0 时代的代表作。EOS 提供了 WASM-JIT 等虚拟机实现方式,通过将 WASM 文件内容转换为 IR 中间语言,利用 LLVM-JIT 技术实现代码运行。选用 WASM 作为智能合约实现形式,是出于生态体系完整性、云原生支持及技术成熟等多方面考虑的结果。WASM 天然支持多种语言,首选是 C++语言,其他如Java Script 等语言也能够支持。

2.6 拓展层

拓展层是为了提高区块链安全性、吞吐量、存储容量或满足特殊场景需求而衍生的技术协议,下面主要以隐私保护和扩容协议为例进行介绍。

2.6.1 隐私保护

在比特币等区块链技术协议中,用户可拥有任意多个比特币地址,这些地址与其真实身份没有联系,具有一定匿名性。但通过一些社会工程学手段,使某个比特币钱包的物理地址(IP 地址)暴露,再配合大数据分析技术,数字货币的来龙去脉与关系网将无所遁形,因此,这种匿名其实是一种伪匿名。

为了进一步保障隐私,需要在区块链记录中隐藏交易者的所有信息,包括交易双方地址和交易金额,即使获取到了某钱包地址所对应的 IP,也无法追溯整个交易链。

Zcash 就是这样的技术。Zcash 是比特币的分支,它通过零知识证明的密码学技术实现完全匿名。零知识证明是指在不泄露信息的情况下,生成证明,验证者通过验证证明来确定信息是否正确。区块链中,通过该密码学技术让网络上的节点,无须暴露任何有关交易的机密信息即可验证交易。Zcash 使用了 SCIPR 实验室的零知识证明库——libsnark,并在此基础上做了修改,它使用的零知识证明被称为 ZK-SNARK(Zero-Knowledge Succinct Non-Interactive Argument of Knowledge,零知识简洁非交互性知识参数),这是一种简洁的不需要多方交互的零知识证明技术,其中的证明非常简短,很容易验证。

此外,有些公司基于以太坊等区块链技术协议,拓展了以太坊交易类型,保障只有参与方能够看到交易数据,满足企业级隐私保护需求。

实际中,还有群组加密、环签名等方式也能够满足特定场景的隐私保护需求,可以与区块链结合实现更大的隐私保护价值。

但值得注意的是,隐私保护不能抵抗监管,尽管区块链技术是分布式的,但中央的管理与监管是不可或缺的。如何既满足监管,又不侵害数据隐私,是数字货币行业一直在研究的问题。

2.6.2 扩容协议

区块链发展过程面临的一个重要矛盾就是基础协议与日益扩展的业务需求及数据量之间的矛盾,随着上链业务越来越多,数据量越来越大,区块链的吞吐量、存储容量面临巨大的挑战。此时,扩容协议应运而生。

扩容主要包括链上扩容和链下扩容两种模式,区别在于是否基于主链进行扩容。

链上扩容主要包括以下 4 种方式。

(1)区块扩容。

区块扩容可在区块体中容纳更多交易。这种方式可以短期内提高单周期交易确认速度,但缺点是存储成本高、整体区块交易验证慢。比特币等区块链技术协议曾经做过这种尝试。

(2)出块提速。

出块提速可使单位时间打包更多交易。这种方式可以短期内增加交易确认数量,但缺点是网络带宽大、资源消耗多。

(3)数据分片。

数据分片将区块链数据分成很多不同的段,存放在不同节点,不仅能够减少节点物理存储量,也能够提高数据校验。这种方式使容量和速度都得到提升,但缺点是安全性差、节点协同性差。以太坊等区块链技术协议曾经做过这种尝试。

(4)隔离见证。

隔离见证可压缩交易。这种方式将交易数据分为交易信息和签名信息,交易信息打包至区块,签名信息则不存储在区块,而是通过新的数据结构承载。这种方式使区块大小得到提升,释放大量空间,但缺点是扩容效果有限、额外数据存储量大。比特币等区块链技术协议曾经做过这种尝试。

链下扩容主要包括以下 3 种方式。

(1)状态通道。

状态通道将稳定的交易参与方的交易信息记录在链下,将一定阶段的最终计算结果返回链上,链上作为结算汇总层存在。这种方式有效提高了链上吞吐量,但缺点是交易类型受限、对交易参与方要求较高。比特币的闪电网络和以太坊的雷电网络均属于这种方式。

（2）侧链。

侧链可以理解为一条条通路,将主从区块链互相连接起来,侧链既独立于区块链主链又受限于主链智能合约的约束。这种方式使主链效率和整体拓展性有所提升,但缺点是资源消耗大、成本高。RootStock、BTC Relay 就是典型的侧链解决方案,以太坊 Plasma 也是基于侧链技术衍生而来的。提到侧链,不得不说另一项技术:跨链。可以说,侧链技术的应用对象是主链和侧链,跨链技术的应用对象则是主链和主链。跨链不仅可以像侧链一样增加区块链的可拓展性,也能让价值跨过区块链间的障碍进行直接交互,从而实现不同区块链的数据流通和价值转移,解决了不同区块链间的数据孤岛问题。跨链主要包括公证人、中继、哈希锁定、分布式私钥控制等技术。

（3）链下存算。

链下存算包括链下计算和链下存储两方面。一方面,可以借助多方安全计算能力,将业务执行过程放在具备安全性和完整性保护的独立环境,将执行结果存储在链上;另一方面,可以借助数据湖仓、异构存储设施保存海量业务数据或文件等类型数据,将这些数据的元数据存储在链上。这种方式更适合实际生产,业务系统可以评估功能性和非功能性需求,混合采用不同的存算方式。链下存算能够有效提高区块链吞吐量、存储容量及业务拓展性,但数据回溯、公信力等方面不如链上方式。

第3章

区块链第一代系统——比特币

2009 年,区块链第一代系统——比特币诞生,对于大多数人来说,他们只闻比特币,不识区块链;2013 年,区块链技术逐渐掀起金融科技的浪潮,走进更多专业领域的视野;2016 年,区块链技术开始在全球各领域发展壮大,被越来越多的人了解。可以说,没有比特币的兴起,就没有后续区块链的发展。比特币为什么会兴起? 它的背后究竟隐藏着什么秘密? 这些将在本章揭晓。

本章首先以比特币基本概念和业务流程为引,按照区块链技术协议从数据层逐层向上介绍比特币技术;然后介绍比特币改进提案;最后讲解比特币系统搭建。

3.1 比特币基本概念

2008 年,Satoshi 在密码朋克思想和数字货币理念的影响下,发表了论文 *Bitcoin:A Peer-to-Peer Electronic Cash System*;次年 1 月,比特币诞生,区块链进入 1.0 时代。一段时间后,人们逐渐挖掘比特币底层实现技术——区块链技术;此后,区块链技术如雨后春笋般地在金融等领域得到应用。

广义地讲,比特币是基于密码学、对等网络模型、分布式一致性、脚本系统等一揽子区块链技术形成的数字货币生态系统;狭义地讲,比特币代表系统中的数字货币单位,用于换算资产和价值。

比特币构造了一个完全去中心化的可信支付环境,保障用户在复杂多变的互联网环境中,安心自由地交易。

比特币的兴起主要有两方面原因。

(1)资本。

比特币是带着历史使命出生的,天生就是资本的宠儿。正如创世区块印刻的那句话:"2009 年 1 月 3 日,财政大臣正处于实施第二轮银行紧急援助的边缘。"比特币是为了解决西方一些主流货币信用危机和第三方支付信任危机而产生的,是为了替代它们成为核心交易资本的。一方面,随着国际数字货币及相关利好政策出台,以及全球数字货币发展趋势愈发明朗,电子货币逐渐成为重要交易模式,吸引无数投资者;另一方面,虽然比特币一路跌宕起伏,但几个不经意的涨幅就能吸引各种投机者。

(2)赋能。

通过一系列底层技术组合,形成一个可信的分布式技术体系;通过去中心、可信任、可追溯、一致性、可协同等特性,帮助生产业务系统实现激励、认证、安全、流通、协作等多方面增强。为生产用户和组织确权、生产关系和价值维护提供基础,有利于构建新的经济和社会形态,达成多方合作、共赢的目标。

3.2　比特币业务流程

下面以比特币第一笔实物交易为例,讲解比特币的核心业务处理流程。

据网上资料,2010 年 5 月,美国一个名叫 Laszlo Hanyecz 的程序员花费 10 000 比特币购买了两块披萨,被认为是比特币第一笔实物交易。后来,这一天被称作"比特币披萨日"。这次交易的完整流程是什么样的?

首先,交易双方需要注册比特币账号,用于比特币交易。注册账号的软件被称作钱包,钱包保存账号的公私钥对和地址,地址相当于交易账号,私钥相当于密码,公钥用于验证交易发送方的身份和支付金额来源。

然后,Laszlo Hanyecz 使用钱包创建了一笔交易,指定买卖双方账号信息及支付金额,使用私钥进行签名。创建后,交易被发送至比特币网络,网络节点广播该交易,交易存储在各节点交易内存池。比特币网络节点接收交易后,需要进行共识验证,共识节点将内存池交易打包至区块,通过暴力数学运算求解一个随机值,成功后提交区块上链,全网验证随机值并认可数学运算难度最高的一个链分支作为有效分支,同时,上链成功的节点获取一定比特币奖励。这里的验证包括验证共识求解的随机值等内容,但由于涉及比特币支付,这里重点讲解如何验证比特币的来源是否有效,也就是验证 Laszlo Hanyecz 支付的 10 000 比特币是否有效。原来,Laszlo Hanyecz 同时经营共识节点,早期已经获取了数万比特币奖励,每次共识奖励都作为一种特殊类型的交易保存在区块中,这些交易的支付对象就是 Laszlo Hanyecz,因此,Laszlo Hanyecz 可以使用这些交易产生的比特币并进行交易签名,于是,比特币网络节点便能够通过这些交易及脚本系统的签名验证机制判断 10 000 比特币来源有效。当共识验证后,这笔区块交易被提交至区块链。

最后,交易接收方可以通过钱包查询到交易及金额等信息。但为了保险起见,交易接收方需要确认后续有 6 个区块上链后,才能完成实物交接。通过这种方式能够防止 Laszlo Hanyecz 拿到实物后将交易撤回。比特币交易可能被伪造,Laszlo Hanyecz 可以耗费比其他节点更多的算力将区块链切换至新的分支,使原分支交易失效。由于多产生 6 个区块需要多耗费全网 1 小时算力,这对于 Laszlo Hanyecz 来说,几乎是不可能做到的。

3.3　比特币数据层技术

比特币交易流程涉及账号、交易、区块、网络、共识、脚本系统等内容,从本节开始,将逐个介绍。

3.3.1　账号

账号一般保存在钱包中,交易时使用。账号主要由公钥、私钥和地址组成,转换流程如图 3-1 所示。

该流程涉及以下 3 个内容。

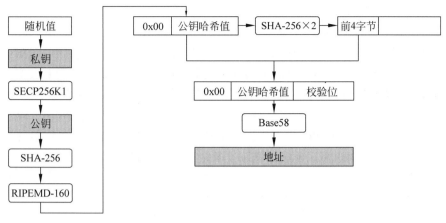

图 3-1　账号生成流程

（1）私钥。

私钥是由伪随机数产生的字符串，决定一个账号中所有比特币的归属权。用户创建比特币交易时，钱包软件使用私钥生成签名，以证明交易及支付金额归属权和有效性。私钥必须始终保密，因为一旦泄露，该私钥保护之下的比特币也将拱手让人，因此，用户可以指定钱包密码，加密存储用户私钥。建议对私钥进行加密备份，以防意外丢失，因为一旦丢失，私钥很难复原，其保护之下的比特币也将永远无法使用。

（2）公钥。

公钥为由私钥经过 SECP256K1 椭圆曲线算法生成的长度为 65 字节的字符串。公钥主要用于验证私钥签名，可以广播至任何用户，而不必担心私钥被推算出来，因为寻找离散对数的难度决定了由公钥逆推私钥是十分艰难的。

（3）地址。

地址生成过程较为复杂，需要将公钥经过 SHA-256 和 RIPEMD-160 两次哈希计算生成长度为 20 字节的消息摘要，在前面加上地址版本（主网是 0x00）后形成主字符串，再经过两次 SHA-256 哈希计算，取前 4 字节作为校验字符串，将主字符串和校验字符串拼接后进行 Base58 编码，最终转换为地址。地址与比特币是绑定的。

3.3.2　交易和 UTXO

交易用于比特币支付，交易被用户签名创建后广播至比特币网络，节点将交易保存在交易内存池，当共识节点打包内存池交易后，形成区块并共识上链。为了奖励共识节点，交易需要额外缴纳一部分金额作为手续费，成为节点共识奖励的一部分。

交易包含支付金额及交易双方账号信息（交易输入和输出信息），这些信息基于 UTXO（Unspent Transaction Output，未支付的交易输出）模型承载。UTXO 是交易支付的基本单位，是不可分割的，表示被所有者锁住的一定数量的比特币。如何理解这句话？从以下 4 个角度分析。

（1）未支付（Unspent）。

顾名思义，未支付就是指用户还没花出去，如果用户已经将这笔比特币花费了，那么交易就无法再使用这笔比特币了。

（2）交易输出（Transaction Output）。

交易需要指定支付金额，这个金额需要有一个来源，来源就是上笔交易（父交易）的输出，如果这个输出尚未用于支付，它就是 UTXO。以现实生活中的买书为例：读者买书就相当于进行了一次交易，需要支付金额，金额并不是凭空产生的，而需要使用上次交易获取的货币，例如，读者支付时使用的是工资（货币），工资发放可以理解为一次特殊的交易，这笔工资发放交易将一定工资给到读者，工资尚未花费之前，读者就可以用它来买书。例子中尚未花费的工资就是 UTXO，UTXO 是工资发放交易的输出，有输出必然有输入，这个输入就是买书交易中对 UTXO 的引用。比特币基于交易输出和交易输入的对应关系，构建出其特有的交易链，如图 3-2 所示。

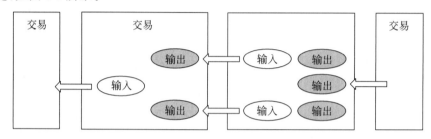

图 3-2　交易输入和输出链

基于这种关系，一笔交易可以追溯到先前的交易，直至追溯到最初一笔交易，这笔交易在比特币中被称为 Coinbase 交易，也就是共识奖励交易。前文提到，Laszlo Hanyecz 参与共识获取了丰厚的奖励，每次奖励都是由 Coinbase 交易产生的。

（3）不可分割。

UTXO 可以是任意值，但只要它被创造出来，就像硬币一样，不能被分割开来。也就是说，一笔交易的输入不能只是父交易输出的一部分，而必须是整个。比特币交易可以有多个输入和多个输出，如果一个输入不足以支撑这笔交易，那么就使用多个输入；如果多个输入总和超过需要支付的金额，那么就新增一个输出（找零），将多余的金额支付至交易发送方。这也是账号/余额模型和 UTXO 模型最大的差别，如图 3-3 所示。

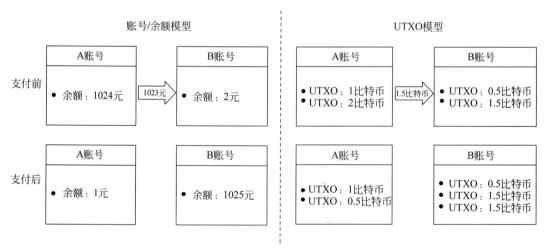

图 3-3　交易模型对比

账号/余额模型记录当前账号最新的一笔余额,余额可以随意使用,每次使用相当于从里面分割出一部分,其余部分还是一笔余额;而 UTXO 模型则独立记录每笔金额,每个 UTXO 是不可分割的,每次使用需要重构 UTXO。

(4)所有者锁住。

交易输出关联锁定脚本,规定了后续花费这笔输出的条件。脚本能够防止该笔输出金额被任意用户使用;交易输入关联解锁脚本,解锁脚本是满足被锁定脚本在一个输出上设定的支付条件的脚本,只有解锁脚本满足锁定脚本的条件,这笔交易的输入才能引用父交易的输出。例如,P2PKH(Pay to Public Key Hash,公钥哈希支付)标准交易脚本中的锁定脚本使用交易接收方的公钥作为锁定条件,只有当交易接收方在子交易中使用私钥对应的数字签名才能解锁并使用父交易的输出。将在后文合约层具体介绍该流程。

UTXO 是比特币"双花"解决方案中的重要一环。什么是"双花"?"双花"就是同一笔比特币至少被使用两次。传统交易系统中,用户购买商品时,支付金额由第三方系统统一管理,实时验证交易并修改账号余额,不会产生"双花";而比特币这种分布式系统中,没有统一的管理,需要有一套机制防止节点伪造交易进行"双花"。

当用户获得比特币时,金额(UTXO)及锁定脚本等内容被记录下来。当用户指定其作为输入,创建一笔新的交易并广播至比特币网络后,节点对该交易进行验证,检查 UTXO 及签名等信息。如果检查失败,则交易无效;否则,原有 UTXO 失效,新的 UTXO 生成。

尽管这种方法能够验证 UTXO 及归属权的有效性,但如果共识节点使用同一个 UTXO 伪造新的交易,并构建一个新的区块链分支替代原来的有效分支,原来的交易也将失效,如果失效前商品交易已经完成,相当于前一次交易没有支付任何比特币就获得了商品,而新的交易使用比特币购买了新的商品,显然这种情况下"双花"成功。于是,另一个关键环节就展现作用了,这个环节是基于工作量证明的共识流程,共识约定当一个交易后续至少存在 6 个区块上链,该交易才有效。通过这种方法确保节点难以伪造分支,因为 6 个区块上链的工作量是巨大的。将在后文共识层具体介绍该流程。

除此之外,交易还包括其他两项特性,在这里简单介绍。

(1)锁定时间。

锁定时间约定交易能够上链的最早时间。在大多数交易里,它被设置成 0,表示可以立即上链。如果锁定时间不是 0,且小于 5 亿,锁定时间就被视为锁定区块高度,意指区块链达到这个高度之前,交易不能上链;如果大于 5 亿,锁定时间就被视为 UNIX 纪元时间戳,意指系统达到这个时间之前,交易不能上链。锁定时间的使用相当于将一张纸质支票的生效时间进行后延。

(2)序列号。

如果没有设置为最大值,被认为是一个相对锁定时间,用于覆盖交易内存池中具有相同交易输入的序列号较小的交易;否则,用于其他版本特性。

3.3.3 区块和链式结构

比特币区块前后链接,形成链式结构,如图 3-4 所示。

每个区块由区块头和区块体组成,区块头主要包含以下 6 点。

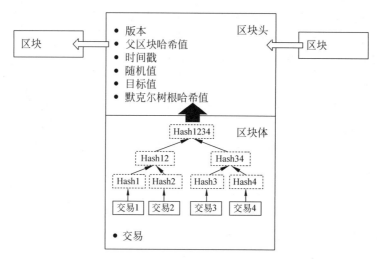

图 3-4   比特币区块链结构

（1）版本。

版本用于跟踪软件、协议的更新。

（2）父区块哈希值。

每个区块有唯一的哈希值，区块之间通过该值前后链接，形成链式结构。

（3）时间戳。

时间戳记录区块创建时间。

（4）随机值。

比特币共识算法约定共识节点进行数学运算，该运算的答案就是随机值。共识过程中，共识节点不断刷新随机值，通过暴力计算的方式找到符合数学运算目标的值。

（5）目标值。

目标值即数学运算目标，是一个哈希值，也被称为共识难度值。数学运算求解过程可能出现耗时不同的情况，为了保障比特币网络整体共识时间稳定，通过定期更新这个难度值来调整共识难度。

（6）默克尔树根哈希值和交易。

区块体包含区块创建过程打包的所有交易记录，这些记录通过默克尔树生成唯一的根哈希值并记入区块头。

值得一提的是，比特币的第一个区块被称作创世区块，于 2009 年 1 月诞生。

3.4   比特币网络层技术

比特币基于 P2P 模型搭建而成，每节点相互平等且以扁平式拓扑结构相互连通，节点承担节点发现、交易和区块数据广播、验证的职责。例如，比特币共识流程依赖于节点广播和验证机制，节点接收到其他节点发来的交易后，需要将交易存储在内存池并广播至其他节点，过程中需要验证交易输入和输出、交易大小、是否"双花"、锁定时间等；当共识节点产生新的区块后，广播至其他节点上链，过程中需要验证区块难度值、时间戳、版本、默克尔树根哈希值及内部交易数据等。

比特币节点定义了不同的消息类型,通过消息交互支撑以上工作,下面重点介绍以下4种。

(1) 节点连接。

连接建立后,节点才能进行交易、区块等数据的交互和验证。节点通过 VERSION 消息与 VERACK 消息交换彼此信息,实现连接建立。值得一提的是,比特币提供了种子节点集合,允许新启动的节点连接种子节点获取最新区块数据。

(2) 区块初始下载。

新节点启动或节点断线重连时,需要批量下载区块,例如,从创世区块至最新区块。节点通过主动发送 GETHEADERS、GETDATA 等消息实现这些区块的同步。

(3) 交易广播。

提交交易至节点后,节点通过 INV 消息主动广播交易清单,对等节点通过 GETDATA 消息请求具体交易数据。

(4) 区块广播。

节点共识成功后,需要激活新的有效分支,节点将最新区块至原有效分支分叉处的区块加入一个列表,发送 HEADERS、INV 消息进行区块数据交互。

按照节点存储数据量的不同,比特币分为以下两类节点。

(1) 全节点。

全节点保存创世区块到最新区块为止的完整区块链数据,实时参与区块数据的校验和上链。全节点的优势在于不依赖其他节点就能够独立实现任何一个交易和区块的验证、查询和更新,劣势则是存储容量消耗过大。

(2) 轻节点。

轻节点仅保存一部分区块链数据,通过简易支付验证方式向相邻节点请求所需的数据来完成数据校验。轻节点的优势在于存储容量消耗较小,劣势则是数据验证流程复杂、功能有限。

实际中,比特币节点可能根据实际需要划分为“矿工”(仅包含单节点,对应地,也存在非共识节点)、“矿池”(包含多个共识节点)、钱包客户端等多种类型。

3.5　比特币共识层技术

比特币使用 PoW 算法作为共识算法,算法约定共识节点进行暴力数学运算,全网以数学运算累计难度最高的分支作为有效分支。

共识的主要流程包括以下4点。

(1) 共识准备。

启动比特币后端程序,更新当前区块链有效分支,启动共识。

(2) 新区块创建。

首先,根据系统模板创建新的区块,设置区块大小等参数。然后,检索交易内存池中的交易,检查交易有效性并计算交易手续费。接着,将交易打包至区块,打包过程会根据交易手续费高低排序打包。其次,计算奖励金额,保存在 Coinbase 交易。最后,填充区块头各属性,验证区块有效性,其中,区块头的目标值属性需要在这里更新,更新过程首先判断是否需要调整难度(默认每 2016 块,即两周,进行一次调整),如果不需要调整,直接取父区块难度值,否则,计算新的难度值:新值＝旧值×2016 块之间的实际时间差/2016 块之间的理论时间差。

(3) 工作量证明。

累加区块头的随机值属性,使用连续两次的 SHA-256 哈希函数,代入区块头数据计算结果,如果该结果小于或等于目标值,则创建区块成功,否则,判断随机值范围、交易内存池更新情况、有效分支变化情况、时间戳情况等内容,决定继续累加随机值并计算哈希函数结果,或重新开始共识。

(4) 区块链重组。

节点收到区块后,验证区块有效性,从多个候选区块中寻找一个工作量最大的分支作为新的有效分支,进行区块链重组。重组过程将先前有效分支涉及的区块从链接一个个断开,将新的有效分支涉及的区块一个个加入链接。断开链接时,将区块交易重新放入内存池;加入链接时,从内存池移除对应交易。

3.6　比特币合约层技术

前文提到,交易输出维护锁定脚本,交易输入维护解锁脚本。交易验证时,需要将该交易输入脚本和父交易输出脚本的内容组合入栈,通过比特币脚本系统解析入栈后的处理结果,验证该交易金额来源和归属权,当处理结果为 TRUE 时,表示验证通过,证明该交易金额是在父交易中由其他用户支付给自己的。

比特币使用最多的一套脚本是 P2PKH 标准交易脚本,解锁脚本是＜ Signature ＞＜ Public Key ＞,锁定脚本是 OP_DUP OP_HASH160 ＜ Public Key Hash ＞ OP_EQUAL OP_CHECKSIG,其验证流程如下。

(1) 解锁脚本入栈。

将签名和公钥先后入栈,如图 3-5 所示。

(2) OP_DUP 指令入栈。

复制栈顶元素并将复制结果入栈,如图 3-6 所示。

(3) OP_HASH160 指令入栈。

使用 SHA-256 和 RIPEMD-160 哈希函数计算栈顶元素哈希值并将该值入栈,如图 3-7 所示。

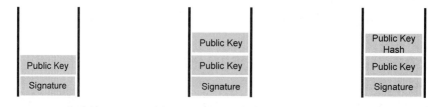

图 3-5　P2PKH 脚本处理流程(1)　　图 3-6　P2PKH 脚本处理流程(2)　　图 3-7　P2PKH 脚本处理流程(3)

（4）Public Key Hash 元素入栈。

该元素入栈后，如图 3-8 所示。

（5）OP_EQUAL 指令入栈。

取栈顶两元素比较是否一致，如果一致，则元素均被移除，如图 3-9 所示。

（6）OP_CHECKSIG 指令入栈。

取栈顶两元素验证签名是否正确，如果正确，则栈顶结果为 TRUE，如图 3-10 所示。

图 3-8　P2PKH 脚本处理流程（4）　　　图 3-9　P2PKH 脚本处理流程（5）　　　图 3-10　P2PKH 脚本处理流程（6）

3.7　比特币改进提案

比特币的发展离不开社区，正如"2.6.2 扩容协议"介绍的一些由社区用户设计并实现的比特币新功能（包括隔离见证、闪电网络等），帮助比特币提高可扩展性。但社区用户提出的功能很多，如何规范地实施？如何准确地描述？如何让用户进行选择？

比特币制定了 BIP（Bitcoin Improvement Proposal，比特币改进提案）协议，BIP 是社区成员提交的一系列系统改进提案，具有唯一的编号，提案描述了比特币的新功能，一般需要文档描述功能的简要技术规范和基本原理。

BIP 提出后，需要进行公开讨论，以确认该提案的价值和可行性，如果考虑该提案，它将被发送至比特币开发者，并最终添加到 BIP 的 Git 库中。BIP 最终能否落地掌握在共识节点手中，如果 BIP 获得多数节点投票，那么它将在比特币网络以分叉等方式引入。

例如，最近一次的 BIP 大版本：由于比特币网络支持 Taproot 升级的算力已超过 90%，2021 年年底，比特币进入 Taproot 版本，引入 Schnorr 签名算法等能力（涉及 BIP 340、BIP 341、BIP 342）。Schnorr 签名算法支持多重签名和批量验证，多重签名交易与比特币网络的其他交易看起来没什么不同，但能够让单个交易更难追踪且交易验证速度更快，从而提高隐私性与性能；同时，该方案也有助于闪电网络的实施和比特币脚本系统的发展。

3.8　比特币系统搭建

比特币包括公共网络、测试网络等环境，不适用于联盟链等场景。本节重点介绍如何安装比特币并加入公有网络。

3.8.1　系统安装

比特币的安装方式主要包括二进制安装包安装（支持 Windows、Linux、MacOS 等操作系统）、源码安装（通过 make 命令安装）。对于普通用户来说，建议使用前一种方式；对于技术人员来说，建议使用后一种方式。

针对后一种方式,首先,选择 Linux 环境,在这里,笔者使用的是 Ubuntu 18.04。然后,从 GitHub 官方网站(网址详见前言二维码)下载源码至 bitcoin 目录,笔者下载的源码版本是 v23.0。最后,更新环境依赖,进入源码目录安装系统,如例 3-1 所示。

【例 3-1】 比特币安装。

```
1  sudo apt-get install make automake cmake curl g++-multilib libtool binutils-gold
   bsdmainutils pkg-config python3 patch bison libboost-all-dev libevent-dev
2  sudo apt install gcc-8 g++-8
3  cd bitcoin
4  ./autogen.sh
5  CC=gcc-8 CXX=g++-8 ./configure
6  make -j4
7  sudo make install
```

完成后,具备以下 4 个工具命令。

(1) bitcoind。

比特币节点主程序,用于启动节点。

(2) bitcoin-cli。

比特币节点交互程序,用于调用节点接口。

(3) bitcoin-tx。

比特币交易管理程序,用于创建或更新比特币交易。

(4) bitcoin-util。

比特币小工具,用于调测区块链。

3.8.2 系统启动

首先,创建数据目录和配置文件,如例 3-2 所示。

【例 3-2】 比特币目录创建。

```
1  sudo mkdir -p /data/bitcoin
2  sudo chown -R lijianfeng /data/bitcoin
3  sudo mkdir -p /etc/bitcoin
4  sudo chown -R lijianfeng /etc/bitcoin
5  vim /etc/bitcoin/bitcoin.conf
```

然后,修改配置文件。默认接入公有网络,读者可以按需调整配置,如例 3-3 所示。

【例 3-3】 比特币配置。

```
1  # 测试网络
2  # testnet=0
3
4  # 另一种测试网络,增加了额外的签名等要求,比 testnet 更可靠
5  # signet=0
6
7  # 回归测试网络
8  # regtest=0
9
```

```
10  # 通过 SOCKS5 代理连接
11  # proxy=127.0.0.1:9050
12
13  # 网络绑定地址
14  # bind=<addr>
15
16  # 绑定白名单地址
17  # whitebind=perm@<addr>
18
19  # 连接指定地址
20  # addnode=69.164.218.197
21  # addnode=10.0.0.2:8333
22
23  # 连接指定地址(信任的节点)
24  # connect=69.164.218.197
25  # connect=10.0.0.1:8333
26
27  # 监听模式,默认启用,如果启用了 connect 参数,则自动禁用该模式
28  # listen=1
29
30  # 监听端口(默认：8333；testnet：18333；signet：38333；regtest：18444)
31  # port=
32
33  # 最大连接数(默认为 125)
34  # maxconnections=
35
36  # 最大上传带宽(每天多少 MB,默认为 0,表示无限制)
37  # maxuploadtarget=
38
39  # 1 表示接收 JSON-RPC 命令
40  # server=0
41
42  # RPC 绑定地址
43  # rpcbind=<addr>
44
45  # RPC 认证信息
46  # rpcauth=alice:f7efda5c189b999524f151318c0c86$d5b51b3beffbc02b724e5d095828e
        #0bc8b2456e9ac8757ae3211a5d9b16a22ae
47
48  # RPC 账号和密码
49  # rpcuser=alice
50  # rpcpassword=DONT_USE_THIS_YOU_WILL_GET_ROBBED_8ak1gI25KFTvjovL3gAM967mies3E=
51
52  # RPC 超时时间
53  # rpcclienttimeout=30
54
55  # RPC 允许链接地址
56  # rpcallowip=10.1.1.34/255.255.255.0
57  # rpcallowip=1.2.3.4/24
58  # rpcallowip=2001:db8:85a3:0:0:8a2e:370:7334/96
59
60  # RPC 监听端口
61  # rpcport=8332
```

```
62
63   # RPC 链接地址
64   # rpcconnect=127.0.0.1
65
66   # 钱包路径
67   # wallet=</path/to/dir>
68
69   # 交易确认区块数量(默认为 6)
70   # txconfirmtarget=n
71
72   # 交易手续费
73   # paytxfee=0.000x
74
75
76   # 交易密钥对数量
77   # keypool=100
78
79   # 允许通过 gettxoutsetinfo RPC 命令维护币状态(默认：0)
80   # coinstatsindex=1
81
82   # 清理空间(默认为 0,表示不清理；1 表示允许通过 RPC 清理；>=550 表示保持 550 MB 以下)
83   # prune=550
84
85   # 最小化启动
86   # min=1
87
88   # 最小化任务栏
89   # minimizetotray=1
90
91   # 自定义网络配置
92   [main]
93
94   [test]
95
96   [signet]
```

最后,启动节点,如例 3-4 所示。

【例 3-4】 比特币启动。

```
1   bitcoind -printtoconsole -conf=/etc/bitcoin/bitcoin.conf -datadir=/data/bitcoin
```

以默认配置启动后,将看到节点正在从比特币种子节点接收区块信息,如图 3-11 所示。

```
2022-05-14T16:00:26Z 314 addresses found from DNS seeds
2022-05-14T16:00:26Z dnsseed thread exit
2022-05-14T16:00:30Z New outbound peer connected: version: 70016, blocks=736648, peer=0 (outbound-full-relay)
2022-05-14T16:00:32Z Synchronizing blockheaders, height: 2000 (~0.29%)
2022-05-14T16:00:33Z Synchronizing blockheaders, height: 4000 (~0.57%)
2022-05-14T16:00:34Z Synchronizing blockheaders, height: 6000 (~0.86%)
2022-05-14T16:00:35Z Synchronizing blockheaders, height: 8000 (~1.14%)
2022-05-14T16:00:36Z Synchronizing blockheaders, height: 10000 (~1.43%)
2022-05-14T16:00:37Z Synchronizing blockheaders, height: 12000 (~1.72%)
2022-05-14T16:00:38Z Synchronizing blockheaders, height: 14000 (~2.01%)
2022-05-14T16:00:39Z Synchronizing blockheaders, height: 16000 (~2.29%)
```

图 3-11   比特币启动日志

由于本书重点内容是区块链技术,因此在此不再展开介绍比特币交易及共识方法。

第4章

比特币源码解析

通过对比特币业务流程和技术协议的介绍,相信读者已经对比特币技术原理有了一个整体的认识。本章将以比特币源码结构为引,按照区块链技术协议从底层到高层的顺序介绍比特币系统核心源码。

4.1 比特币源码结构

比特币内核基于 MIT 协议,核心源码在 src 目录下,该目录划分了不同的模块,如表 4-1 所示。

表 4-1 比特币源码核心目录结构

模　　块	介　　绍
common	通用模块,包含布隆过滤器等内容
consensus	协议模块,定义一些标准值(例如,比特币单位)及默克尔树、交易等数据的验证方法
crypto	加密模块,包含哈希函数等内容
index	索引模块,包含交易、区块索引、抽象数据库及磁盘持久化等内容
init	初始化模块,包含钱包、节点初始化等内容
interfaces	接口模块,定义钱包、节点、链交互等接口
leveldb	LevelDB 模块,定义底层存储方式,用于存储交易、区块及相关数据
node	节点模块,涉及交易内存池、UTXO 和交易等内容
policy	策略模块,包含费率、交易规则参数等内容
primitives	基础模块,包含交易、区块等核心内容
qt	图形化模块
rpc	RPC 模块,定义 JSON HTTP RPC 客户端交互接口
script	脚本模块
secp256k1	椭圆曲线密码模块
univalue	一致性模块
util	工具模块
wallet	钱包模块
zmq	通信模块,包含消息队列等内容

4.2 比特币数据层源码

本节主要介绍比特币交易、币视图、区块、区块链等内容,它们是比特币交易创建和打包、区块生成和上链的基础,在比特币整个业务流程中发挥了关键作用。

4.2.1 交易

如前文所述,比特币交易包含交易输入和交易输出,均定义在 src/primitives 目录。
CTxIn 类是交易输入类,如例 4-1 所示。

【例 4-1】 比特币交易输入类。

```
1  class CTxIn
2  {
3  public:
4     COutPoint prevout;  // 关联父交易输出结果,关联内容包含该交易哈希值和交易输出集合
                           // 的索引下标(一笔交易可能包含多个输出,是一个集合,通过该下标能够定位到是第几个输出)
5     CScript scriptSig;  // 表示解锁脚本,用于解锁某交易输出的锁定脚本,即证明交易发送方
                          // 具备该输出的归属权
6     uint32_t nSequence;  // 表示序列号,和锁定时间有关
7     CScriptWitness scriptWitness;   // 用于隔离见证,由原来 scriptSig 脚本转移至此,在
                                      // 整个交易被序列化时使用
8     // …
9  };
```

CTxOut 类是交易输出类,当该输出未花费时,即 UTXO,如例 4-2 所示。

【例 4-2】 比特币交易输出类。

```
1  class CTxOut
2  {
3  public:
4     CAmount nValue;          // 表示多少比特币
5     CScript scriptPubKey;    // 表示锁定脚本,通过匹配的解锁脚本来验证比特币归属权
6     // …
7  };
```

CTransaction 类是交易类,如例 4-3 所示。

【例 4-3】 比特币交易类。

```
1   class CTransaction
2   {
3   public:
4      static const int32_t CURRENT_VERSION=2;
5      const std::vector<CTxIn> vin;   // 表示交易输入集合
6      const std::vector<CTxOut> vout; // 表示交易输出集合
7      const int32_t nVersion;          // 表示交易版本
8      const uint32_t nLockTime;        // 表示锁定时间,定义了交易能够上链的最早时间
9
10  private:
11     const uint256 hash;   // 表示交易哈希值,交易构建时产生,只保存于内存,不写入磁盘
12     const uint256 m_witness_hash;  // 表示隔离见证哈希值,同样只保存于内存,不写入磁盘
13     // …
14  };
```

交易的创建离不开钱包,交易创建后被广播至节点交易内存池。基于此,首先介绍它们。
钱包用于存储密钥、交易及余额等数据,底层使用 BerkeleyDB 作为数据库。BerkeleyDB

是 KV(Key-Value,键值)型数据库,钱包数据通过不同的 Key 存储,如表 4-2 所示。

表 4-2 比特币钱包核心 Key

Key	描　　述	Key	描　　述
acentry	账号项	ckey	加密密钥
name	地址名称	keymeta	密钥信息
purpose	目的地址	defaultkey	默认密钥
tx	交易	pool	密钥池
watchs	只读密钥/脚本	version	版本
key	密钥	cscript	脚本
wkey	钱包密钥	orderposnext	下一个 order 位置
mkey	主密钥	destdata	目的数据

钱包初始化过程,调用 LoadWallet()函数读取数据库,数据加载至钱包。CWallet 类是钱包类,定义在 src/wallet 目录,CWallet 类提供了创建交易等函数,如例 4-4 所示。

【例 4-4】 比特币钱包类。

```
1   class Cwallet final: public WalletStorage, public interfaces::Chain::Notifications
2   {
3   private:
4       CKeyingMaterial vMasterKey GUARDED_BY(cs_wallet);  // 通过密码和对称加密密钥进
        // 行钱包解锁,其中,对称加密算法采用 AES
5       interfaces::Chain *m_chain;  // 表示链接口,链接口提供区块链状态查询、手续费估算及
        // 交易提交等基础接口,比特币客户端往往通过 RPC 等方式调用链接口
6       std::unique_ptr<WalletDatabase> const m_database;  // 即数据库
7       std::map<uint256, std::unique_ptr<ScriptPubKeyMan>> m_spk_managers;  // 通过密
        // 码和对称加密密钥进行钱包解锁
8
9       // 维护已支付交易
10      typedef std::multimap<COutPoint, uint256> TxSpends;
11      TxSpends mapTxSpends GUARDED_BY(cs_wallet);
12      void AddToSpends(const COutPoint& outpoint, const uint256& wtxid, WalletBatch *
        batch =nullptr) EXCLUSIVE_LOCKS_REQUIRED(cs_wallet);
13      void AddToSpends(const uint256& wtxid, WalletBatch *batch = nullptr) EXCLUSIVE_
        LOCKS_REQUIRED(cs_wallet);
14
15      // 将交易添加至钱包或更新钱包交易
16      bool AddToWalletIfInvolvingMe(const CTransactionRef& tx, const SyncTxState& state,
        bool fUpdate, bool rescanning_old_block) EXCLUSIVE_LOCKS_REQUIRED(cs_wallet);
17
18  public:
19      // 通过密码和对称加密密钥进行钱包解锁
20      typedef std::map<unsigned int, CMasterKey> MasterKeyMap;
21      MasterKeyMap mapMasterKeys;
22      unsigned int nMasterKeyMaxID = 0;
23
24      // 表示钱包交易,该交易附加了一些拥有者关心的信息
25      std::map<uint256, CWalletTx> mapWallet GUARDED_BY(cs_wallet);
26      typedef std::multimap<int64_t, CWalletTx *> TxItems;
27      TxItems wtxOrdered;
28
```

```
29    std::map<CTxDestination, CAddressBookData> m_address_book GUARDED_BY(cs_wallet);
      // 表示交易地址等信息
30
31    // 对交易进行签名
32    bool SignTransaction(CMutableTransaction& tx) const EXCLUSIVE_LOCKS_REQUIRED(cs_
      wallet);
33    bool SignTransaction(CMutableTransaction& tx, const std::map<COutPoint, Coin>&
      coins, int sighash, std::map<int, bilingual_str>& input_errors) const;
34
35    // 提交交易,将交易放入交易内存池并广播至其他节点,广播后,其他节点同样需要加入交易内
      // 存池
36    void CommitTransaction(CTransactionRef tx, mapValue_t mapValue, std::vector<std::
      pair<std::string, std::string>> orderForm);
37    bool SubmitTxMemoryPoolAndRelay(CWalletTx& wtx, std::string& err_string, bool
      relay) const;
38
39    // 将交易添加至钱包或更新钱包交易
40    CWalletTx *AddToWallet(CTransactionRef tx, const TxState& state, const UpdateWalletTxFn&
      update_wtx=nullptr, bool fFlushOnClose=true, bool rescanning_old_block = false);
41    // …
42 };
```

比特币节点将交易保存在各节点交易内存池——CtxMemPool 类,CtxMemPool 类对象的每一笔交易被封装为 CtxMemPoolEntry 类对象,它包含交易对象的引用、手续费、大小、时间、子孙交易数量及手续费等内容。CtxMemPool 类的核心成员变量是 indexed_transaction_set,它通过交易哈希值、隔离见证哈希值、时间、手续费和祖先交易手续费这 5 个维度建立索引、排序和存取关系。

比特币对外提供 sendtoaddress() 等接口,用于交易支付,如例 4-5 所示。

【例 4-5】 比特币转账流程。

```
1  // 根据用户配置初始化钱包对象及参数键值对
2  std::shared_ptr<CWallet> const pwallet = GetWalletForJSONRPCRequest(request);
3  pwallet->BlockUntilSyncedToCurrentChain();
4  LOCK(pwallet->cs_wallet);
5
6  // 设置备注信息
7  mapValue_t mapValue;
8  if (!request.params[2].isNull() && !request.params[2].get_str().empty())
9      mapValue["comment"] = request.params[2].get_str();
10 if (!request.params[3].isNull() && !request.params[3].get_str().empty())
11     mapValue["to"] = request.params[3].get_str();
12
13 // 设置是否扣除手续费
14 bool fSubtractFeeFromAmount = false;
15 if (!request.params[4].isNull()) {
16     fSubtractFeeFromAmount = request.params[4].get_bool();
17 }
18
19 // 构造手续费计算工具
20 CCoinControl coin_control;
```

```
21 if (!request.params[5].isNull()) {
22     coin_control.m_signal_bip125_rbf = request.params[5].get_bool();
23 }
24
25 coin_control.m_avoid_address_reuse = GetAvoidReuseFlag(*pwallet, request.params[8]);
26
27 coin_control.m_avoid_partial_spends |= coin_control.m_avoid_address_reuse;
28
29 SetFeeEstimateMode(*pwallet, coin_control, /* conf_target */ request.params[6],
   /*estimate_mode */ request.params[7], /*fee_rate */ request.params[9], /*override_
   min_fee */ false);
30
31 // 判断钱包已通过密码解锁
32 EnsureWalletIsUnlocked(*pwallet);
33
34 // 设置支付金额和接收方地址，解析并构造接收方信息(包括锁定脚本、支付金额等)列表
35 UniValue address_amounts(UniValue::VOBJ);
36 const std::string address = request.params[0].get_str();
37 address_amounts.pushKV(address, request.params[1]);
38 UniValue subtractFeeFromAmount(UniValue::VARR);
39 if (fSubtractFeeFromAmount) {
40     subtractFeeFromAmount.push_back(address);
41 }
42 std::vector<CRecipient> recipients;
43 ParseRecipients(address_amounts, subtractFeeFromAmount, recipients);
44
45 // 设置是否展示交易详情日志
46 const bool verbose{request.params[10].isNull() ? false : request.params[10].get_bool()};
47
48 // 发送比特币交易
49 return SendMoney(*pwallet, coin_control, recipients, mapValue, verbose);
```

SendMoney()函数发送比特币交易时，需要将接收方信息集合打散，并先后调用 CreateTransaction()函数和 CWallet 类对象的 CommitTransaction()函数进行交易创建和提交，如图4-1所示。

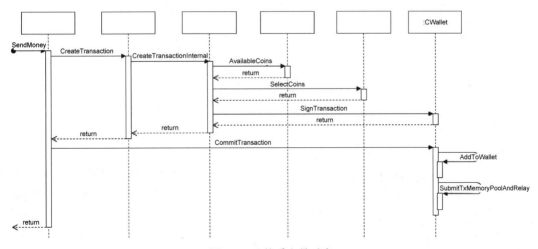

图 4-1　比特币交易时序

注：因篇幅关系，图中函数未加()。

调用流程涉及以下两个核心函数。

（1）CreateTransaction（）函数。

CreateTransaction（）函数用于创建交易。该函数调用 CreateTransactionInternal（）函数实现交易封装，封装过程的核心步骤是设置交易输出和输入集合。在这里，交易输出集合中的数据来源于 recipients 参数；交易输入集合中的数据依赖于 AvailableCoins（）函数和 SelectCoins（）函数。其中，AvailableCoins（）函数从钱包选择能花费的币，选择过程需要遍历钱包中的交易，判断交易锁定时间、上链区块个数等条件是否满足要求，若满足，则可以作为备用交易；SelectCoins（）函数通过 coin_control 传参及支付金额等内容判断哪些备用交易可以入选交易输入集合。选择能够入选交易输入集合的数据后，需要构建一个找零输出，将多余的比特币构建为不可分割的 UTXO 并给到交易发送方。同时，交易输入集合的数据需要进行打散。当这些都完成后，计算交易手续费并签名。签名调用的是 CWallet 类对象的 SignTransaction（）函数，该函数构建交易的解锁脚本。

（2）CommitTransaction（）函数。

CommitTransaction（）函数用于提交交易。首先，调用 AddToWallet（）函数将交易添加至钱包，同时，将交易输入标记为已花费。然后，调用 SubmitTxMemoryPoolAndRelay（）函数将交易加入内存池并广播。需要注意的是，节点将交易加入内存池时，需要验证交易有效性。

4.2.2　币视图

币是比特币交易输出的集合，相关结构定义在 src 目录，下面依次介绍。

首先，Coin 类是币类，用于维护 UTXO，如例 4-6 所示。

【例 4-6】　比特币币类。

```
1  class Coin
2  {
3  public:
4     CTxOut out;                    // 表示 UTXO
5     unsigned int fCoinBase : 1;    // 标识是否属于 Coinbase 交易
6     uint32_t nHeight : 31;         // 表示交易所在有效分支的区块高度
7     // …
8  };
```

CCoinsView 类是币视图类（抽象类），是基于交易输出数据集的抽象视图。CCoinsView 类的实现类包括 CCoinsViewDB、CCoinsViewBacked，其中，CCoinsViewBacked 类包含一个 CCoinsView 类对象的指针，它的子类包括 CCoinsViewErrorCatch、CCoinsViewCache 及 CCoinsViewMemPool。

这 4 类币视图分别具有以下作用。

（1）CCoinsViewDB 类。

币视图数据库类，属于最底层币视图，该类将 UTXO 集合存储在数据库中。具体地说，该类存储的数据包括币实体（COutPoint 类对象）、最佳区块（有效分支的最新一个区块）等内容，使用的数据库是 KV 型数据库 LevelDB，数据通过不同的 Key 存储，例如，比特币定义了 DB_COIN（C）类型的 Key，用于存储币实体；定义了 DB_BEST_BLOCK（B）类型的 Key，用于存储最佳区块。

（2）CCoinsViewErrorCatch 类。

币视图错误捕获器类，该类封装 LevelDB 读取过程的错误信息。如上文所述，该类继承自 CCoinsViewBacked 类，构造过程需要设置一个 CCoinsView 类对象的指针，该指针往往指向 CCoinsViewDB 类对象，即 CCoinsViewErrorCatch 类对象封装了 CCoinsViewDB 类对象的读取 LevelDB 的方法及错误日志等信息。

（3）CCoinsViewCache 类。

币视图缓存类，属于最顶层币视图，该类将最佳区块哈希值、COutPoint 类对象与 Coin 类对象的映射存储在内存。CCoinsViewCache 类对象构造过程，往往引用 CCoinsViewErrorCatch 类对象，这样一来，当比特币检索 UTXO 时，可以先在内存检索，若不存在，再通过 LevelDB 检索；同样地，内存数据也将按需同步至 LevelDB。

（4）CCoinsViewMemPool 类。

币视图内存池类，该类引用 CtxMemPool 类对象，往往用于和内存池交易相关的场景，在该场景下，当构造 CCoinsViewMemPool 类对象时，往往引用 CCoinsViewCache 类对象。例如，交易加入内存池时，需要利用此视图判断是否已存在该交易。

4.2.3　区块

区块包含区块头和区块（体）。CBlockHeader 类是区块头类，定义在 src/primitives 目录，如例 4-7 所示。

【例 4-7】　比特币区块头类。

```
1  class CBlockHeader
2  {
3  public:
4      int32_t nVersion;           // 表示版本,用于跟踪软件、协议的更新
5      uint256 hashPrevBlock;      // 表示父区块哈希值,通过此变量形成链式结构
6      uint256 hashMerkleRoot;     // 表示默克尔树根哈希值,将区块体交易集合以默克尔树形式生
                                   // 成唯一的根哈希值
7      uint32_t nTime;             // 表示时间戳
8      uint32_t nBits;             // 表示目标值,即共识难度值
9      uint32_t nNonce;            // 表示随机值,是共识的解
10     // …
11 };
```

CBlockHeader 类的子类是 CBlock，即区块（体）类，该类主要维护变量 vtx（交易集合），类型是 vector<CTransactionRef>，其中，CTransactionRef 是 CTransaction 类对象的指针引用。

4.2.4　区块链

CBlock 类维护区块核心数据，但它并不是链式的，更无法维护因分叉而产生的树链结构，因此，比特币引入了 CBlockIndex 类，即区块索引类，通过该类来承载链式结构，该类的特点就是能够通过指针关联到父（祖先）区块。

CBlockIndex 类定义在 src 目录，如例 4-8 所示。

【例 4-8】 比特币区块索引类。

```
1    class CBlockIndex
2    {
3    public:
4        const uint256*phashBlock{nullptr};          // 指向对应区块(CBlock 类对象)哈希值
5        CBlockIndex *pprev{nullptr};                 // 指向父区块索引
6        CBlockIndex *pskip{nullptr};    // 指向祖先区块索引,此变量能够实现祖先区块快速定位,而
                                          // 不需要通过变量 pprev 逐个向前检索
7        int nHeight{0};                              // 表示区块高度
8        int nFile GUARDED_BY(::cs_main){0};          // 表示 blk 文件(区块文件)的索引下标,blk
                                          // 文件主要用于区块数据(包括交易)的持久化,一般在节点接收区块后写入文件
9        unsigned int nDataPos GUARDED_BY(::cs_main){0};   // 表示 blk 文件内部偏移量
10       unsigned int nUndoPos GUARDED_BY(::cs_main){0};   // 表示 rev 文件(撤销文件)内部偏移
                                          // 量,rev 文件主要用于区块回退数据的持久化,区块链重组过程使用,一般在区块链接至有效分
                                          // 支时写入文件,在区块断开有效分支链接时读取并更新币视图及相关数据库
11       arith_uint256 nChainWork{};                  // 表示链共识难度值,是通过区块索引结构一
                                          // 块块串联形成的链上所有区块的共识难度之和,下同
12       unsigned int nTx{0};                         // 表示该区块交易总数
13       unsigned int nChainTx{0};                    // 表示该链上所有区块交易总数
14       uint32_t nStatus GUARDED_BY(::cs_main){0};   // 表示区块验证状态
15       int32_t nSequenceId{0};                      // 表示区块接收顺序
16       unsigned int nTimeMax{0};                    // 表示链上最大的时间戳
17
18       // 定义 CBlockHeader 类的核心属性
19       int32_t nVersion{0};
20       uint256 hashMerkleRoot{};
21       uint32_t nTime{0};
22       uint32_t nBits{0};
23       uint32_t nNonce{0};
24
25       // 构造变量 pskip
26       void BuildSkip();
27
28       // 获取指定区块高度的 CBlockIndex 类对象
29       CBlockIndex *GetAncestor(int height);
30       const CBlockIndex *GetAncestor(int height) const;
31       // …
32   };
```

CChain 类是区块链类,如例 4-9 所示。

【例 4-9】 比特币区块链类。

```
1    class CChain
2    {
3    private:
4        std::vector<CBlockIndex *> vChain;   // 表示区块索引集合,集合中存储的是 CBlockIndex
                                          // 类对象,区块索引中的区块高度与集合下标对应,例如,高度为 1 的区块索引保存在 vChain[1]
5    public:
6        // 获取创世区块(变量 vChain 中的第一个对象)
7        CBlockIndex *Genesis() const;
8        // 获取区块链最后一个区块索引(变量 vChain 中的最后一个对象)
```

```
9      CBlockIndex *Tip() const;
10     // 检查区块索引是否存在
11     bool Contains(const CBlockIndex *pindex) const;
12     // 获取子区块索引
13     CBlockIndex *Next(const CBlockIndex *pindex) const;
14     // 获取区块链高度
15     int Height() const;
16     // 加入最新区块索引,每次加入,将从该区块索引开始,逐个将父区块索引一一加入,直到某一高度
       // 的区块索引已经存在于变量 vChain 中
17     void SetTip(CBlockIndex *pindex);
18     // 获取指定区块索引与当前区块链分叉处的 CBlockIndex 类对象
19     const CBlockIndex *FindFork(const CBlockIndex *pindex) const;
20     // …
21  };
```

CChain 类对象主要在内存维护,而磁盘持久化存储依赖于文件、LevelDB 等内容,存储类定义在 src 等目录。

CBlockFileInfo 类是区块文件信息类,如例 4-10 所示。

【例 4-10】 比特币区块文件信息类。

```
1   class CBlockFileInfo
2   {
3   public:
4       unsigned int nBlocks;         // 表示文件中区块数量
5       unsigned int nSize;           // 表示 blk 文件(已使用)大小
6       unsigned int nUndoSize;       // 表示 rev 文件(已使用)大小
7       unsigned int nHeightFirst;    // 表示文件中最低区块高度
8       unsigned int nHeightLast;     // 表示文件中最高区块高度
9       uint64_t nTimeFirst;          // 表示文件中最早区块时间
10      uint64_t nTimeLast;           // 表示文件中最晚区块时间
11      // …
12  };
```

CDiskBlockIndex 类是区块磁盘持久化类,继承自 CblockIndex 类,新增了父区块哈希值变量及序列化函数。

CBlockTreeDB 类是区块链数据库类,继承自 CDBWrapper 类,区块链数据库使用的是 LevelDB,该类主要用于和 LevelDB 交互。CBlockTreeDB 类定义了一系列函数,通过不同的 Key 来存储区块、交易等信息,例如,比特币定义了 DB_BLOCK_FILES(f)类型的 Key,用于存储 CBlockFileInfo 类对象及相关数据;定义了 DB_BLOCK_INDEX(b)类型的 Key,用于存储 CDiskBlockIndex 类对象及相关数据。

4.3 比特币网络层源码

比特币网络模块主要定义在 src 目录,其中,CNode 类是节点类,负责存储本节点、对等节点及网络消息等;CComman 类是节点连接管理类,负责节点初始化、节点连接、消息发送及接收等。节点之间的通信依赖消息,比特币定义了不同的消息类型,如表 4-3 所示。

表 4-3　比特币网络核心消息

消 息 类 型	描　　述
VERSION	版本信息
VERACK	版本回应
ADDR	节点地址
INV	已有清单(交易/区块等)
GETDATA	请求实际数据(交易/区块)
MERKLEBLOCK	默克尔路径
GETBLOCKS	区块(完整)请求
GETHEADERS	区块头请求
TX	交易
HEADERS	区块头
BLOCK	区块(完整)
GETADDR	节点地址请求
MEMPOOL	内存池交易请求
PING	网络连通判断
PONG	PING 回应
NOTFOUND	未找到(交易)
FILTERLOAD	过滤器加载
FILTERADD	过滤交易信息添加
FILTERCLEAR	过滤器清除
SENDHEADERS	要获取的是区块头而不是清单
REJECT	拒绝
ALERT	警报

消息处理流程依赖比特币核心处理函数,如图 4-2 所示。

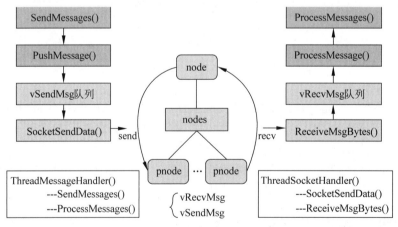

图 4-2　消息处理函数与流程

SocketSendData()函数和 ReceiveMsgBytes()函数分别用于发送变量 vSendMsg(消息队列)中的消息及接收消息至变量 vRecvMsg(消息队列)。而 SendMessages()函数和 ProcessMessages()函数分别用于发送和处理具体消息。

4.3.1 节点连接

节点连接是通过 VERSION 等消息实现的，VERSION 消息主要包括当前节点版本、服务类型、时间、所构造节点地址、当前节点地址、随机值（用于判断是否连接了自己）、当前节点运行的软件子版本、区块链高度、是否传播交易。VERSION 消息交互中，节点通过相互发送 VERSION 并回复 VERACK 消息完成连接，在这个过程中，也会请求和发送地址等消息，如图 4-3 所示。

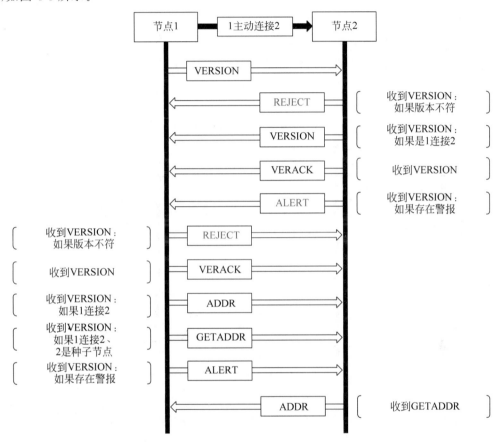

图 4-3　节点连接交互流程

4.3.2 交易广播

节点通过 INV 消息主动广播交易清单（每次最多 1000 个），如图 4-4 所示。

变量 mapRelay 存放需要发送的交易数据；变量 mapAskFor 及相关容器存放需要获取的交易、哈希值等数据。

4.3.3 区块批量下载

节点第一次启动或断线重连后，批量获取历史区块。节点通过主动发送 GETHEADERS 消息实现区块同步，如图 4-5 所示。

其中，节点收到 GETHEADERS 消息后回复 HEADERS 等一系列消息（HEADERS 消

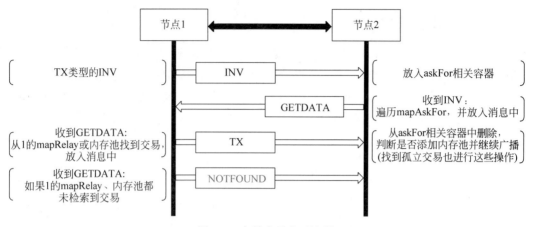

图 4-4　交易广播交互流程

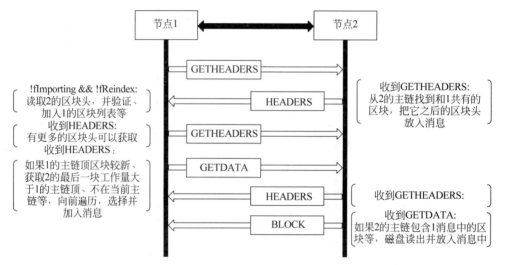

图 4-5　区块批量下载交互流程

息最多附带 2000 个区块头);变量 fImporting 标识是否正在导入区块等文件;变量 fReindex 标识是否需要重建区块索引,重建区块索引发生在版本更新等场景,意味着区块索引数据需要更新。

　　节点主动发送 GETDATA 消息请求完整区块(默认一次最多传输 16 个),如图 4-6 所示。

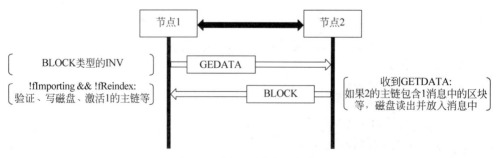

图 4-6　区块请求交互流程

4.3.4　区块广播

节点完成共识后,有效分支更新,同时,将最新的共识区块至先前的有效分支之间的区块加入一个列表,并根据规则发送 HEADERS 消息或 INV 消息。其中,HEADERS 交互流程包含 INV 交互流程,如图 4-7 所示。

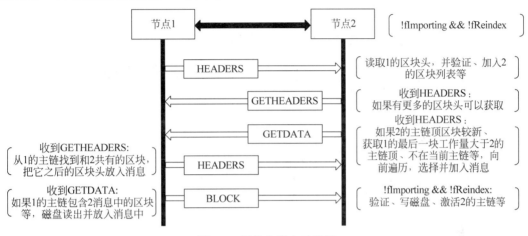

图 4-7　区块广播交互流程

INV 消息只需要将最新区块哈希值加入消息,接收后,判断是否回复 GETHEADERS、GETDATA 消息。

4.4　比特币共识层源码

比特币对外提供 generatetoaddress()等接口,用于启动共识,如例 4-11 所示。

【例 4-11】　比特币共识启动。

```
1   // 设置需要产出多少个区块
2   const int num_blocks{request.params[0].get_int()};
3   // 设置数学运算需要循环多少次,默认 100 万次
4   const uint64_t max_tries{request.params[2].isNull() ? DEFAULT_MAX_TRIES : request.
    params[2].get_int()};
5
6   // 解析交易接收方
7   CTxDestination destination = DecodeDestination(request.params[1].get_str());
8   if (!IsValidDestination(destination)) {
9       throw JSONRPCError(RPC_INVALID_ADDRESS_OR_KEY, "Error: Invalid address");
10  }
11
12  // 加载节点、交易内存池、区块链状态数据等
13  NodeContext& node = EnsureAnyNodeContext(request.context);
14  const CTxMemPool& mempool = EnsureMemPool(node);
15  ChainstateManager& chainman = EnsureChainman(node);
16
17  // 构造 Coinbase 交易的锁定脚本
18  CScript coinbase_script = GetScriptForDestination(destination);
19
```

```
20  // 开始共识
21  return generateBlocks(chainman, mempool, coinbase_script, num_blocks, max_tries);
```

generateBlocks()函数在 num_blocks 参数和 max_tries 参数控制下进行共识操作,该过程主要调用以下两个函数。

(1) CreateNewBlock()函数。

实现区块创建的过程,主要将交易内存池中的交易打包至区块。

(2) GenerateBlock()函数。

实现共识求解数学运算的过程,成功后,全网验证并进行区块链重组。

4.4.1　交易打包

CreateNewBlock()函数首先初始化一个新的区块,设置相关参数;然后,检索交易内存池中的交易,根据交易手续费等信息,将交易打包至区块;接着,构造 Coinbase 交易,计算并设置共识奖励;最后,填充区块头各属性,验证区块有效性,如例 4-12 所示。

【例 4-12】　比特币共识流程。

```
1   int64_t nTimeStart = GetTimeMicros();
2
3   // 初始化区块
4   resetBlock();
5   pblocktemplate.reset(new CBlockTemplate());
6   if (!pblocktemplate.get()) {
7       return nullptr;
8   }
9   CBlock *const pblock = &pblocktemplate->block;
10
11  // 增加一个空的 Coinbase 交易
12  pblock->vtx.emplace_back();
13  pblocktemplate->vTxFees.push_back(-1);
14  pblocktemplate->vTxSigOpsCost.push_back(-1);
15
16  // 获取链上最新一个区块,并初始化区块等相关字段
17  LOCK2(cs_main, m_mempool.cs);
18  CBlockIndex *pindexPrev = m_chainstate.m_chain.Tip();
19  assert(pindexPrev != nullptr);
20  nHeight = pindexPrev->nHeight + 1;
21  pblock->nVersion = g_versionbitscache.ComputeBlockVersion(pindexPrev, chainparams.
    GetConsensus());
22  if (chainparams.MineBlocksOnDemand()) {
23      pblock->nVersion = gArgs.GetIntArg("-blockversion", pblock->nVersion);
24  }
25  pblock->nTime = GetAdjustedTime();
26  m_lock_time_cutoff = pindexPrev->GetMedianTimePast();
27  fIncludeWitness = DeploymentActiveAfter (pindexPrev, chainparams.GetConsensus(),
    Consensus::DEPLOYMENT_SEGWIT);
28  int nPackagesSelected = 0;
29  int nDescendantsUpdated = 0;
30
```

```
31  // 将交易内存池中的交易打包至区块。区块打包交易过程,需要计算交易内存池中的交易手续费。手
    // 续费不仅包括该交易本身的手续费,也涉及其父(祖先)交易的手续费,比特币根据手续费计算结果
    // 将交易排序打包至区块
32  addPackageTxs(nPackagesSelected, nDescendantsUpdated);
33  int64_t nTime1 = GetTimeMicros();
34  m_last_block_num_txs = nBlockTx;
35  m_last_block_weight = nBlockWeight;
36
37  // 创建 Coinbase 交易
38  CMutableTransaction coinbaseTx;
39  coinbaseTx.vin.resize(1);
40  coinbaseTx.vin[0].prevout.SetNull();
41  coinbaseTx.vout.resize(1);
42  coinbaseTx.vout[0].scriptPubKey = scriptPubKeyIn;
43  coinbaseTx.vout[0].nValue = nFees + GetBlockSubsidy(nHeight, chainparams.GetConsensus());
44  coinbaseTx.vin[0].scriptSig = CScript() << nHeight << OP_0;
45  pblock->vtx[0] = MakeTransactionRef(std::move(coinbaseTx));
46  pblocktemplate->vchCoinbaseCommitment = GenerateCoinbaseCommitment(*pblock,
    pindexPrev, chainparams.GetConsensus());
47  pblocktemplate->vTxFees[0] = -nFees;
48
49  LogPrintf("CreateNewBlock(): block weight: %u txs: %u fees: %ld sigops %d\n",
    GetBlockWeight(*pblock), nBlockTx, nFees, nBlockSigOpsCost);
50
51  // 填充区块头
52  pblock->hashPrevBlock = pindexPrev->GetBlockHash();
53  UpdateTime(pblock, chainparams.GetConsensus(), pindexPrev);
54  pblock->nBits = GetNextWorkRequired(pindexPrev, pblock, chainparams.GetConsensus());
    // 由于共识过程受难度值等因素影响,共识时间会有所波动,因此,比特币约定每隔一段时间(默认两
    // 周)进行一次共识难度调整,如果不需要调整,直接取上个区块难度值,否则,计算新的难度值,即旧
    // 难度值×2016块之间的实际时间差/2016块之间的理论时间差
55  pblock->nNonce = 0;
56  pblocktemplate->vTxSigOpsCost[0] = WITNESS_SCALE_FACTOR * GetLegacySigOpCount
    (*pblock->vtx[0]);
57
58  // 验证区块有效性
59  BlockValidationState state;
60  if (!TestBlockValidity(state, chainparams, m_chainstate, *pblock, pindexPrev,
    false, false)) {// 验证区块过程,主要涉及区块头、区块及链状态等内容。其中,区块头的验证
    // 内容主要包括难度值、时间戳、版本等;区块的验证内容主要包括默克尔树、大小、Coinbase 交
    // 易及其他交易的输入、输出、大小、是否双花、锁定时间等;验证成功时币视图将更新
61    throw std::runtime_error(strprintf("%s: TestBlockValidity failed: %s", __func__,
    state.ToString()));
62  }
63  int64_t nTime2 = GetTimeMicros();
64
65  LogPrint(BCLog::BENCH, "CreateNewBlock() packages: %.2fms (%d packages, %d updated
    descendants), validity: %.2fms (total %.2fms)\n", 0.001 * (nTime1 - nTimeStart),
    nPackagesSelected, nDescendantsUpdated, 0.001 * (nTime2 - nTime1), 0.001 * (nTime2 -
    nTimeStart));
66
67  return std::move(pblocktemplate);
```

4.4.2　区块上链

GenerateBlock()函数循环求解区块随机值,直到验证通过或达到用户参数阈值(例如,循环次数)时结束,对于验证通过的区块,节点将进行区块链重组(及区块广播),如例 4-13 所示。

【例 4-13】　比特币区块上链。

```
1  block_hash.SetNull();
2
3  // 使用额外随机值重新计算 Coinbase 交易及默克尔树根哈希值
4  {
5      LOCK(cs_main);
6      // 增加额外随机值变量 nExtraNonce,利用 Coinbase 交易的脚本空间额外存储该随机值。这种
       // 做法属于随机值升位方案,由于共识硬件条件越来越好,共识节点想要挖出有效区块就需要更
       // 多的空间来存储随机值,解决方案就是利用 Coinbase 交易作为额外随机值的存储介质
7      IncrementExtraNonce(&block, chainman.ActiveChain().Tip(), extra_nonce);
8  }
9
10 CChainParams chainparams(Params());
11
12 // 循环进行数学运算,找到随机值
13 while (max_tries > 0 && block.nNonce < std::numeric_limits<uint32_t>::max() && !
   CheckProofOfWork(block.GetHash(), block.nBits, chainparams.GetConsensus()) && !
   ShutdownRequested()) {// 通过 CheckProofOfWork()函数验证区块哈希值是否小于或等于难度值,
       // 若是,则表示求解数学运算成功。其中,哈希值的计算需要将区块头数据作为参数,连续两次进行
       // SHA-256 哈希函数计算
14     ++block.nNonce;
15     --max_tries;
16 }
17 if (max_tries == 0 || ShutdownRequested()) {
18     return false;
19 }
20 if (block.nNonce == std::numeric_limits<uint32_t>::max()) {
21     return true;
22 }
23
24 // 进行区块链重组。共识产生的区块需要被比特币网络认可,认可过程需要验证区块相关数据及区
   // 块哈希值与难度值关系,过程与上文类似,验证通过的区块将被持久化,同时,通过找寻一个工作量
   // 最大的分支作为新的有效分支,进行区块链重组。重组过程首先找到当前有效分支的分叉处,从当
   // 前有效分支的最后一个区块开始,将区块一个个地从有效分支断开链接,将区块交易重新放入内存
   // 池;把新的有效分支涉及的区块一个个地加入链接,从交易内存池移除对应交易
25 std::shared_ptr<const CBlock> shared_pblock = std::make_shared<const CBlock>(block);
26 if (!chainman.ProcessNewBlock(chainparams, shared_pblock, true, nullptr)) {
27     throw JSONRPCError(RPC_INTERNAL_ERROR, "ProcessNewBlock, block not accepted");
28 }
29
30 block_hash = block.GetHash();
31 return true;
```

4.5 比特币合约层源码

比特币基于简单堆栈实现交易脚本中指令的入栈和计算,例如,EvalScript()函数通过switch-case 语句匹配不同的指令,当匹配 OP_CHECKSIG 时,执行相应代码,如例 4-14所示。

【例 4-14】 比特币脚本解析。

```
32 if (stack.size() < 2)
33    return set_error(serror, SCRIPT_ERR_INVALID_STACK_OPERATION);
34
35 valtype& vchSig = stacktop(-2);
36 valtype& vchPubKey = stacktop(-1);
37
38 bool fSuccess = true;
39 // 检查签名
40 if (!EvalChecksig(vchSig, vchPubKey, pbegincodehash, pend, execdata, flags, checker,
   sigversion, serror, fSuccess)) return false;
41 popstack(stack);
42 popstack(stack);
43 stack.push_back(fSuccess ? vchTrue : vchFalse);
```

第5章

区块链开发平台——以太坊

2013 年,以太坊的概念首次被 Vitalik Buterin 提出,旨在构建新一代数字货币与去中心化应用平台;2014 年,以太坊进行了以太币预售;2016 年,以太坊价格暴涨,更多的用户加入以太坊大家庭;时至今日,以太坊吸引了国内外大量知名企业加入,已经成为比特币之外最具盛名的区块链平台之一。可能读者会有疑问,为什么比特币如此成功,其他平台还能遥遥赶上? 将在本章为读者揭秘。

本章将以以太坊基本概念和业务流程为引,首先,按照区块链技术协议从数据层逐层向上介绍以太坊技术;然后,介绍以太坊改进提案;最后,重点讲解以太坊系统搭建和合约开发。

5.1 以太坊基本概念

2013 年,Vitalik Buterin 在比特币技术的影响下,发表了白皮书 *A Next-Generation Smart Contract and Decentralized Application Platform*,提出了基于区块链技术构建新一代数字货币与去中心化应用的理念;2015 年 7 月,以太坊发布 Frontier 版本,提供了以太币支付和智能合约服务能力;其后,随着以太币公开发行及智能合约赋能案例的广泛落地,以太坊大放光彩。以太坊,尤其是 DApp 的兴起,标志着区块链 2.0 时代的崛起。以太坊的出现,不仅论证了数字货币的发展前景与经济价值,更将智能合约与分布式应用推向了新的高度。可以说,DApp 这一概念被广大用户熟知,就是因为以太坊。

为什么比特币如此成功,却还能造就以太坊的传奇?

尽管比特币约定了一套技术协议使数字货币可以在多参与方之间安全地转移,整个过程无须信任第三方,但正如比特币的狭义概念:比特币代表系统中的数字货币单位,读者可以将这种货币或单位理解为一种符号,比特币不允许用户自定义其他符号,例如,运营商积分和权益礼包、公司股票等,无法帮助用户确权、认证这些符号,而以太坊可以,以太坊分布式智能合约能够帮助用户定义自己的符号,确保这些符号在全网分布式环境下被各节点确权、认证。在这里引申一下符号的概念,符号也可以称为 Token(通证),代表用户的各种权益,例如,上文提到的积分,以太坊的核心价值就是保障这些权益的可追溯、不可篡改及可流通。此外,比特币使用的是基于堆栈的脚本系统,能够实现一些复杂的签名认证,但无法承载更加复杂和高级的业务逻辑,例如,积分生成、兑换等,而以太坊可以,以太坊高级智能合约语言支持实现复杂和高级的业务逻辑。因此,以太坊的出现,让用户感受到数字货币、积分等多种权益能够得到保障,让用户看到分布式应用发展的新希望。

5.2　以太坊业务流程

以太坊业务流程主要包含两个维度：一是以太币交易；二是分布式应用。前者和比特币交易流程相似，需要构建以太坊交易进行数字货币支付，经过以太坊网络共识后完成支付；后者过程更为复杂，将重点介绍。

以太坊分布式应用的构建主要包括以下 3 个步骤。

（1）区块链环境搭建。

构建非正式环境和正式环境的区块链集群。其中，非正式环境主要用于开发测试，该环境主要包括区块链环境、智能合约开发环境（如智能合约 IDE）。

（2）智能合约设计与开发。

需要注意的是，笔者取名智能合约设计与开发是为了突出智能合约的重要性，并不是意味着设计与开发过程只考虑智能合约，智能合约只是链上业务逻辑和持久化数据的载体，离不开业务系统的调用；业务系统需要通过区块链接口与智能合约交互，才能实现完整的业务功能。因此，读者需要通盘考虑区块链接口及业务系统的设计与开发。这里的区块链接口指第 1 章介绍的 BaaS 层统一接口服务，它封装了区块链原生接口，供业务系统调用，业务系统通过接口间接地与智能合约交互。

（3）智能合约测试与上线。

测试过程，首先，在非正式环境完成智能合约编译、部署，然后，通过 IDE（更适合于自测）或接口（更适合于系统调测）形式调用智能合约，验证相关功能。部署和调用过程均通过以太坊交易实现，部署交易需要指定发送方账号（地址）、智能合约编译结果等数据，交易被广播至以太坊网络并经过全网共识后，实现智能合约部署，部署后的智能合约将绑定一个新的账号（地址），供后续调用；调用交易需要指定发送方账号（地址）、智能合约账号（地址）、智能合约调用参数等数据，该交易同样需要共识上链。上线及后续过程与测试过程类似，需要在正式环境完成智能合约部署，部署后，业务系统通过接口调用智能合约。

5.3　以太坊数据层技术

以太坊业务流程涉及数据层、网络层、共识层、合约层等技术，将从本节开始，逐个为读者介绍。

5.3.1　状态和账号

前文介绍比特币时，重点介绍了 UTXO 结构，比特币将可花费余额等数据存储在该结构中。一笔交易花费若干 UTXO 的同时，也会生成若干新的 UTXO，区块链上各 UTXO 映射出区块链整体状态，可以将这个状态理解为区块链全局状态。以太坊不同，以太坊直接定义了独立的状态信息，用于维护区块链各账号状态（账号数据），每个以太坊网络具有一个全局状态，标识区块链账号数据的整体情况。

在以太坊中，全局状态是所有账号状态的集合，具体来说，是由以太坊地址（长度为 160 位，由账号公钥通过哈希函数计算生成，而公钥通过 ECC 私钥生成）和账号（后文将具体介绍账号包含哪些内容)之间组成的映射。以太坊基于默克尔帕特里夏树(Merkle Patricia Tree,MPT)来存储整个映射关系,这棵树可称为状态树。

实际上,MPT 不仅在此处使用,它在账号数据存储及区块交易等多个地方使用,因此,先简单介绍该树。

MPT 是默克尔树的升级版本,在前缀树(字典树)的理念之上,使用了基于公共前缀的默克尔树状存储结构,将不具有公共前缀的数据进行了存储结构优化,进一步提高了数据检索效率。该树需要一个底层 KV 数据库的支持,例如,LevelDB,KV 实现字节数组的映射,这个数据库也称为状态数据库。

回到状态树和全局状态。

以太坊状态树具有以下优点:首先,MPT 树根哈希值的生成基于密码学技术,依赖于所有树内数据,树根哈希值可以看作一个唯一的标识,来描述以太坊全局状态;其次,作为一个不可变的数据结构,它允许通过改变树根哈希值回到任何一个先前的全局状态。以太坊存储了所有全局状态的树根哈希值,能够轻易地回退到历史状态。

全局状态标识以太坊账号数据的整体状态,而每个账号主要包括以下 4 个属性。

(1) 随机值。

随机值表示该账号发送过的交易数量,包括该账号创建智能合约的数量。

(2) 余额。

余额表示账号余额,即该账号持有的以太币数量。以太坊账号余额就是一个数值,不像比特币 UTXO 那么复杂。

(3) 数据存储 MPT 树根哈希值。

同样基于 MPT 构建,形成了树根哈希值,该树对账号数据存储(主要指智能合约数据)进行了编码,将长度为 256 位的 Keccak 哈希值与长度为 256 位的 RLP(Recursive Length Prefix,递归长度前缀)编码值进行了映射。该树可简称为存储树,和上文的状态树存在关联关系,区块全局状态本身包含了基于 MPT 的区块链整个账号地址和账号的映射,而账号内部又包含了数据存储的独立映射,如图 5-1 所示。

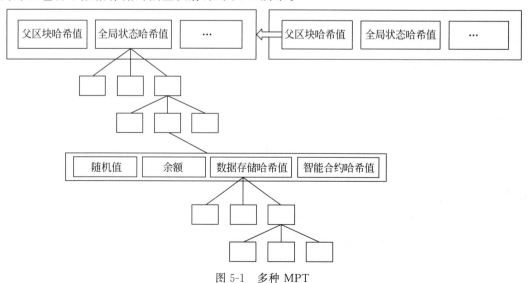

图 5-1　多种 MPT

（4）智能合约哈希值。

关联账号的智能合约代码，当这个账号地址收到交易请求时，代码执行。代码一旦生成，是不可改变的，不同于随机值、余额、数据存储 MPT 树根哈希值等账号属性，可以直接改变。所有代码段均保存在状态数据库，使用该哈希值能够检索到对应的代码。

以太坊账号分以下两种类型。

（1）外部归属账号。

外部归属账号维护以太币余额，不维护智能合约代码。用于发送以太币支付交易或智能合约调用交易。该账号被 Secp256k1 私钥控制，私钥通过 Scrypt、Rijndael 算法加解密，单独存储于加密钱包；私钥能够生成公钥，公钥用于验证交易签名。

（2）智能合约账号。

智能合约账号维护以太币余额和智能合约代码。智能合约代码被触发时执行，触发方式可以是交易，也可以是来自其他智能合约的消息。智能合约执行时，可以执行任意复杂的业务逻辑，也可以更新该账号的数据存储内容，还可以调用其他账号。

5.3.2　交易

交易是一种签名的数据包，是一笔支付记录。交易承载了由外部归属账号传递至其他账号的信息，例如，智能合约交互数据。交易的创建依赖于钱包，因为钱包保存了交易签名所需的账号密钥，交易创建后，被发送至以太坊网络，缓存在网络节点的交易内存池（交易队列），经过区块打包与全网共识后，完成上链。

1．交易的类型

交易的类型包括以下两种。

（1）消息调用型交易。

消息调用型交易用于以太币支付和智能合约调用。

（2）合约部署型交易。

合约部署型交易用于智能合约部署。系统将创建一个新的智能合约账号，关联智能合约代码。

2．交易的属性

交易主要包括以下 8 个属性。

（1）随机值。

随机值表示发送方发送的交易数量。

（2）Gas 限制数量。

Gas 限制数量表示执行交易过程中可以消耗的最大 Gas 数量，限制智能合约执行的指令数量。消耗的 Gas 是需要预先支付的，并且在开始计算之后，就不能改变。

（3）Gas 价格。

Gas 价格表示发送方愿意为单位数量 Gas 支付的费用。一个单位的 Gas 相当于执行一条原子指令，指令数量与价格相乘后得到需要支付的手续费，交易发送方指定越高的价格，共识节点优先打包该交易，但交易执行费用就越高。若费用高出交易实际执行所需的费用，未花费部分将退还至账号余额。

（4）目的地址。

目的地址即 160 位的账号地址，表明交易接收方地址。对于合约部署型交易，该地址可以为空。

（5）支付金额。

支付金额等于支付给交易接收方的以太币数量，在合约部署型交易中，该值作为新的智能合约账号的初始资产。

（6）签名。

签名用于确定交易的发送方。

（7）初始化字节码。

初始化字节码用于初始化智能合约账号的可执行代码，只在合约部署时执行一次，执行后将返回另一段代码，这段代码在收到交易调用或其他智能合约消息时执行。

（8）调用字节码。

调用字节码指明调用智能合约的输入数据，消息调用型交易需要指定。

3. 交易回执

交易上链执行后，生成一个回执，形同在银行转账后，获得这笔转账交易的电子回单。用户可以获取这个回执，通过解析回执获取交易关键信息，可以与区块链最新高度进行对比，确定该交易之后又有多少个区块上链，以此确认交易不可逆（一般取 12 个区块）。

交易回执主要包括以下 3 部分内容。

（1）交易信息。

交易信息包括交易哈希值、智能合约地址、Gas 消耗数量等信息。其中，智能合约地址用于合约部署型交易，该地址是以太坊新产生的地址，智能合约代码与该地址绑定。

（2）区块信息。

区块信息包括区块哈希值、区块高度等信息。

（3）共识信息。

共识信息包括状态、区块中已执行交易累计 Gas 消耗数量、日志、布隆过滤器等信息。其中，日志通过智能合约事件产生，日志作用不再赘述，但值得一提的是，日志存储比账号数据存储消耗更少的 Gas，通过日志能够减少用户获取智能合约数据的成本，而布隆过滤器则方便用户快速检测所关心主题的事件是否存在于日志中。

除了交易，以太坊还有一种消息的数据结构，用于智能合约之间的调用。可以将消息理解为函数调用。消息是通过智能合约而不是外部对象触发的，具体触发指令包括 CALL、DELEGATECALL 等，消息发送时传递的数据包括 Gas 限制数量、接收方地址、金额等。不同于交易，消息是虚拟化的数据对象，只存在于以太坊执行环境之中，不能被序列化。

4. 补充知识

最后，补充一些关于以太坊交易和账号数据持久化的知识。

（1）历史记录持久化。

本节介绍的交易上链就属于这种持久化，这是一种历史记录、调用明细的持久化。例如，用户调用智能合约时，在交易传递了什么参数，这些传参数据被记录在区块链中，用户可以通过交易哈希值等信息追溯。

（2）全局状态持久化。

如前文所述，以太坊每个账号拥有各自的余额及数据存储，这些数据就属于状态持久化。例如，用户支付以太币或更新智能合约里的业务数据，余额和智能合约数据在原有数据基础上直接更新，用户可以获取最新数据。

5.3.3 区块和链式结构

以太坊区块结构主要包含区块头、交易集合及叔伯区块集合。

首先，区块头主要包括以下 15 个属性。

（1）父区块哈希值。

父区块哈希值表示长度为 256 位的父区块的 Keccak 哈希值，通过此值形成区块链式结构。

（2）叔伯区块集合哈希值。

叔伯区块集合哈希值表示长度为 256 位的当前区块的叔伯区块集合的 Keccak 哈希值。创建区块时，以太坊根据区块的叔伯区块头集合，依次对其进行 RLP 编码，生成整个集合的 RLP 编码并计算哈希值。

（3）全局状态 MPT 树根哈希值。

全局状态 MPT 树根哈希值表示长度为 256 位的由账号状态数据基于 MPT 形成的 Keccak 树根哈希值。无论以太币转账，智能合约数据存储变更、Gas 消耗（交易发送方余额减少）或共识奖励，都将引起区块链全局状态更新。

（4）交易 MPT 树根哈希值。

交易 MPT 树根哈希值表示长度为 256 位的由当前区块交易集合基于 MPT 形成的 Keccak 树根哈希值。打包交易时，以太坊根据区块交易集合生成 MPT，以 KV 形式存储索引编号和交易数据，然后，计算树根哈希值，以太坊能够验证交易内容和顺序是否一致。

（5）交易回执 MPT 树根哈希值。

交易回执 MPT 树根哈希值表示长度为 256 位的由当前区块交易回执集合基于 MPT 形成的 Keccak 树根哈希值。区块交易执行后，以太坊根据交易回执集合生成 MPT，以 KV 形式存储索引编号和交易回执数据，然后，计算树根哈希值。以太坊能够验证交易的执行状态、日志、Gas 消耗数量是否一致。

（6）布隆过滤器。

布隆过滤器包含可供检索的信息（日志地址和主题），这些信息来自于日志条目，日志条目来自于交易回执。以太坊能够根据交易回执集合，获取每笔交易回执的布隆过滤器，合并为一个。

（7）区块高度。

区块高度表示当前区块所在高度。创世区块高度为 0，后续区块高度逐一累加。

（8）Gas 限制数量。

Gas 限制数量用于限制当前区块交易消耗的 Gas 总量不能超过此值。可理解为控制区块大小和执行时间的手段。

（9）Gas 消耗数量。

Gas 消耗数量表示当前区块交易消耗的 Gas 总量，即每笔交易执行累加而成的 Gas 数量。由于交易回执记录累计 Gas 消耗数量,因此可以根据最后一笔交易回执获取当前区块所有交易总计消耗的 Gas。

（10）额外数据。

额外数据是一个长度不能超过 32 字节的数组。

（11）时间戳。

时间戳表示 UNIX 格式的区块创建时间。

（12）奖励地址。

奖励地址表示长度为 160 位的用于接收共识奖励的账号地址。

（13）难度值。

难度值表示当前区块的共识难度。可以由父区块的共识难度和时间戳计算出来。

（14）随机值。

随机值表示长度为 64 位的随机数,是 Ethash 算法的参数之一,共识节点共识过程尝试不同的随机值,直至数学运算结果满足难度值要求。随机值与下一个属性共同证明当前区块执行了足够的数学运算量。

（15）混合哈希值。

混合哈希值表示长度为 256 位的哈希值,是根据共识前的区块头、Ethash 数据集生成的哈希值。混合哈希值与上一个属性共同证明当前区块执行了足够的数学运算量。

其中,区块中剩余两部分:交易集合和叔伯区块集合。交易集合不再赘述,但为什么会有叔伯区块集合呢?

在比特币技术协议中,共识难度值最大的一个分支是有效分支,其他分支是无效的,这些无效分支无法获得共识奖励。但无效分支的区块也可能是合法的,可能是节点接收时间较晚。以太坊认为这些分支也是有价值的,它们也在为共识和全网算力安全性做贡献。因此,以太坊支持共识过程引用这些分支中的区块,将这些区块作为叔伯区块,使有效分支获取更多的安全保障。引入叔伯区块后,区块链将不再以单条分支的难度值作为有效分支的判断条件,而是将叔伯区块也考虑在内,共同作为判断条件。同时,创建这些叔伯区块的共识节点也将获得一定奖励。

基于此,以太坊形成了树链结构,每个区块不仅链接父区块,同时也引用叔伯区块。

5.4　以太坊网络层技术

以太坊基于 P2P 模型构建,可以抽象为以下 4 层。

（1）传输层。

传输层包括的协议有 UDP 和 TCP,前者主要用于 P2P 节点发现,后者主要用于节点连接及数据交互。

（2）会话层。

会话层包括底层节点发现、会话存储及上层协议运行。每个节点在网络中都有一个唯一的 ID(本质上由公钥产生),方便网络节点之间相互标识、验证。节点发现主要基于 Kademlia 算法实现,该算法基于 DHT(Distributed Hash Table,分布式哈希表)思想,能够保证分布式网络能够快速准确地路由、定位数据,这个过程是基于 UDP 的;当找到节点后,节点维护彼此信息,并基于 TCP 进行交易、区块等数据的交互。

（3）表示层。

以太坊将网络传输数据进行 RLP 编码，引入消息哈希值校验及底层通信加密机制。其中，RLP 编码对上层用户不透明，哈希值校验及通信加密对上层用户透明。

（4）应用层。

以太坊节点启动后，与会话层节点交换消息并完成区块数据同步；后续通过 0x02、0x07 等消息实现交易、区块的实时同步，接收到消息的节点验证交易和区块后，存入本节点。

按照区块数据同步情况，以太坊节点分为全节点和轻节点；按照共识参与度，以太坊节点分为共识节点和非共识节点。除此之外，有些版本包含其他类型节点，例如，归档节点，用于存储全部归档状态，即以太坊所有历史状态的集合。

5.5　以太坊共识层技术

Ethash 是以太坊 1.0 采用的 PoW 算法，它是 Dagger-Hashimoto 算法的改良版本。PoW 的工作量证明机制不再赘述，前面已经介绍了大量相关内容，但以太坊为什么要改良新的 PoW 算法？

在比特币中，随着共识硬件越来越专业，"矿池"节点越来越集中，普通共识节点使用的计算机算力不足，无法完成区块创建与共识上链。以太坊为了避免这种现象，共识时增加了内存访问机制，降低区块创建和上链难度。

1. 以太坊共识流程

以太坊共识流程包括以下两点。

（1）数据集生成。

Ethash 需要产生两个数据集，分别是伪随机数据集和 DAG 数据集，前者适合存储在轻节点，后者适合存储在全节点和共识节点。首先，节点根据区块头信息（包括区块高度等）计算一个种子。然后，根据种子生成一个初始大小为 16MB 的伪随机数据集，数据集每 30 000 个区块更新一次，数据集计算过程，通过种子计算生成第一个元素，并将后续每个元素都在前一个元素基础上进行哈希值计算。最后，根据伪随机数据集生成大小为 1GB 的大规模数据集——DAG 数据集，该数据集中的元素均是通过伪随机数据集计算得到的，伪随机数据集通过伪随机顺序先得到一个位置的元素，再将该元素进行哈希值计算，得到后一个元素，迭代 256 次后得到 DAG 数据集的第一个元素，依次计算，直到得到全部元素。如果给出伪随机数据集指定几项，能够很快算出 DAG 中指定元素，轻节点正是通过这种方法验证数据有效性的。

（2）共识流程。

以太坊共识流程和比特币类似，同样需要找到一个随机值，使区块哈希值小于或等于难度值。首先，共识过程将根据区块头信息（包括随机值等）计算出一个初始的哈希值，映射为初始位置（A）的元素，然后取该元素和相邻的后一个位置（A'）的元素，通过 A 和 A' 计算出 B 和 B'；依次类推，迭代 64 次后，读取出 128 个数。最后，比较这 128 个数的哈希值与难度值，若哈希值小于或等于难度值，则区块创建成功；否则，尝试新的随机值并重复以上步骤。成功后，对于保存了 DAG 数据集的全节点来说，只需要循环计算 64 次后将结果哈希值与难度值比较即可;对于保存了伪随机数据集的轻节点来说,需要通过伪随机数据集计算出DAG 数据集,然后进行后续计算与比较。

2. 应注意的内容

除此之外,还有两点需要注意。

(1)难度调整。

如果共识时间太短(例如,小于 10 秒)或者太长(例如,大于 20 秒),以太坊会调整共识难度。此外,以太坊约定每增加 10 万个区块,难度值升高一次。这也称为难度炸弹。

(2)多重奖励。

确认共识成功后,不仅此区块将获得奖励,叔伯区块也将获得奖励。前者也称为普通区块奖励,包含固定奖励(如 5 以太币)、区块 Gas 消耗总和,若共识包含叔伯区块,则再加上固定奖励中的一部分(如固定奖励的 1/32)作为额外奖励;后者由公式计算而来,例如,(叔伯区块高度+8-包含叔伯区块的区块高度)×普通区块奖励/8。为什么写固定奖励时用的是例如?因为以太坊不同于比特币设置了整个区块链的奖励上限且奖励规则相对固定,以太坊可以根据版本演进情况调整这些奖励。

值得一提的是,后续随着以太坊 2.0 发布迭代,PoS 机制将逐步替代 PoW。

5.6　以太坊合约层技术

区块链 2.0 时代的显著特点是智能合约的可编程性,作为久负盛名的智能合约开发平台之一,以太坊在 DApp 百花齐放的过程中,起到了举足轻重的作用。

5.6.1　Gas

前文提到,以太坊交易执行过程需要消耗 Gas,如果 Gas 不足,交易无法执行。那么,什么是 Gas?为什么要使用 Gas?

为了方便读者理解,笔者将交易执行过程比喻为一辆汽车在高速公路行驶的过程,Gas如同汽油一般,支撑汽车在高速公路上行驶,路况决定驾驶员需要执行不同的操作(例如,平稳行驶、刹车等),不同操作消耗不同数量的汽油,驾驶员需要评估汽油使用数量并用钱购买汽油,汽油总量决定了这辆汽车是否能够开到目的地。在以太坊中,Gas 用于测量交易执行特定指令所需工作量和手续费,Gas 数量的大小决定交易执行指令条数的多少,Gas 价格的多少决定单位数量 Gas 值多少以太币,交易发送方预估 Gas 数量和价格,将二者乘积作为手续费。以太坊对交易中执行的每个指令收费,通过有限的账号余额限制用户无限制地使用 Gas,确保交易执行指令数量和时间是有限的,防止对以太坊网络的蓄意攻击和滥用。

Gas 没有和以太币一样直接复用一套数字货币单位,因为以太币的价格经常因市场而波动,而 Gas 本身的单位与指令消耗的单位对齐,不直接受市场影响,两者之间需要进行换算。换算过程需要交易发送方指定 Gas 价格,即单位数量 Gas 需要支付多少以太币,这个价格影响共识节点打包交易的策略,共识节点可以拒绝 Gas 价格低于阈值的交易,也可以优先选择高价格的交易。

以太坊的每笔交易都必须包含一个 Gas 限制数量和 Gas 价格,它们的作用如下。

（1）Gas 限制数量。

Gas 限制数量即 Gas 数量的限制，该限制影响交易执行指令条数，如果 Gas 限制数量大于或等于交易（包括原始消息和可能被触发的任何子消息）执行步骤所消耗的 Gas 总量，则交易能够执行；否则，交易执行将被撤销。交易执行后，未使用的 Gas 将通过以太币退还给交易发送方，因此，用户不需要担心预估超支情况。

（2）Gas 价格。

Gas 价格表明愿意为 Gas 支付的以太币数量，前文已经重点介绍。

交易执行过程，通过计算已消耗 Gas 数量（交易执行指令数量）和 Gas 价格的乘积，能够轻易算出实际消耗的费用。在这里，列举几个重要的指令，如表 5-1 所示。

表 5-1　指令与 Gas 数量

指　　令	消耗 Gas 数量	备　　注
step	1	每个执行周期默认消耗
stop	0	免费
sha3	20	哈希值计算
sload	20	从持久化存储中读数据
sstore	100	向持久化存储中写数据
balance	20	余额
create	100	智能合约创建
call	20	初始化只读调用
memory	1	每次扩展内存时的额外消耗
txdata	5	每个字节的交易数据或代码
transaction	500	交易基础消耗

5.6.2 智能合约和 EVM

智能合约被定义为代码（功能）和数据（状态）的集合，存储在以太坊区块链上的特定账号（地址）。智能合约在分布式网络环境中，通过有序、安全、可验证的方式执行特定流程，在共识机制约束下确保各网络节点执行流程与结果一致。

1. 智能合约的特性

智能合约不能单独存在，它的执行依赖于一个执行模型，在以太坊中，这个执行模型被称作 EVM(Ethereum Virtual Machine，以太坊虚拟机)，其特性包括以下 3 点。

（1）架构。

EVM 是一种基于栈的架构，字长为 256 位（即栈中元素大小），256 位的特性使 Keccak 哈希函数和椭圆曲线算法计算更容易。

（2）存储。

使用内存模型（Memory Model）表示运行时状态，数据易失；使用持久化模型（Storage Model）在磁盘存储数据，区块链根据执行结果更新状态。

（3）计算。

不同于比特币脚本，以太坊智能合约是图灵完备的，更精准地说，是"近似"图灵完备的。

"近似"是指以太坊通过 Gas 机制限定 EVM 指令执行数量,避免执行过程陷入无限循环。虚拟机计数器累加及指令执行过程中,需要消耗一定数量的 Gas,消耗完毕后,智能合约将不再执行。鉴于 Gas 数量有限,以太坊将其赋予一定价值,即 Gas 价格,如前文所述,该价格表示单位数量 Gas 对应以太币数量,EVM 执行指令数量与需要花费的账号余额成正比,若余额不足,无法触发合约执行。这种机制也间接鼓励开发人员在应用开发过程中,设计更加简洁、高效的智能合约。

作为以太坊区块验证协议的一部分,区块链网络节点需要运行 EVM、检查区块交易,并在 EVM 内运行由交易触发的智能合约代码。EVM 在区块创建(交易打包)和区块上链时,分别执行交易指定的智能合约代码,前者是预执行,不改变区块链状态;后者是实际执行,改变区块链状态。实际执行后,区块链状态更新。

2. 智能合约

接下来,重点介绍智能合约。

智能合约通过计算机编程语言实现,以 ABI 形式与外部系统交互,以二进制字节码形式存储于区块链上,二进制字节码是 EVM 实际执行的内容。

1)智能合约开发语言

在以太坊中,智能合约开发语言涉及以下 3 种。

(1) Solidity。

Solidity 是一种类 JavaScript 语言,允许开发人员开发智能合约并编译成 EVM 字节码。它是目前以太坊的旗舰语言,是最受欢迎的以太坊智能合约开发语言,也是后文进行以太坊智能合约开发讲解时使用的语言。

(2) Serpent。

Serpent 是一种类 Python 语言,也可用于开发智能合约并编译成 EVM 字节码。该语言旨在最大程度实现代码简单,它将低级语言执行效率的优势和编程风格的简易性相结合,同时为智能合约开发添加了一些特性。该语言使用 LLL(Lisp Like Language,类 Lisp 语言)编译。

(3) LLL。

LLL 是一种低级语言,类似于 Assembly,它力求简洁,本质上是直接对 EVM 的一些包装。

2)智能合约开发、部署及调用流程

在这里,以 Solidity 语言为例,介绍智能合约开发、部署及调用流程,如图 5-2 所示。

该流程主要包括以下 6 点。

(1) 智能合约开发。

使用 Solidity 语言开发智能合约代码,源码文件为 *.sol。

(2) 智能合约编译。

将 *.sol 文件通过 solc 编译器编译,生成二进制字节码文件和 ABI 文件。

(3) 智能合约部署。

将二进制字节码等文件作为交易数据的一部分,发送至以太坊网络。

(4) 区块链共识。

节点在共识算法约束下完成交易上链,EVM 初始化代码,完成新的智能合约地址与代

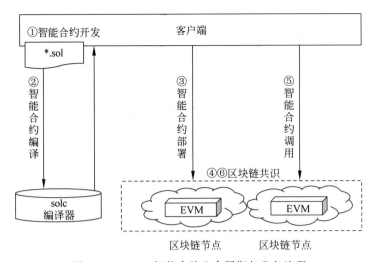

图 5-2　Solidity 智能合约生命周期与业务流程

码的绑定,并更新区块链状态。

（5）智能合约调用。

再次构造交易,指定上一步产生的智能合约地址及调用参数等内容,将交易发送至以太坊网络。

（6）区块链共识。

节点在共识算法约束下完成交易上链,EVM 执行相应指令,更新区块链状态。

3）智能合约开发过程需要的开发框架和集成环境

智能合约开发过程往往需要开发框架和集成环境,有以下 4 种。

（1）Truffle。

Truffle 是针对基于 Solidity 语言的一套开发框架,其本身基于 JavaScript 开发。Truffle 使 DApp 开发、测试、部署仅需要使用简单的命令,不需要再记那么多环境地址、繁重的配置更改及诸多命令。Truffle 提供了一套类似 Maven 和 Gradle 的项目构建机制,提供了合约抽象接口,轻松与智能合约交互,而不需要基于以太坊原生接口,还提供了控制台,方便调试。

（2）Embark。

Embark 是与 Truffle 类似的 DApp 构建与测试框架,其本身基于 NodeJS 开发。Embark 能够自动部署智能合约,并使智能合约在 JavaScript 代码中可用,支持使用 JavaScript 作为智能合约的测试驱动,支持管理不同的区块链。

（3）Meteo。

Meteo 是基于 JavaScript 的开源的全栈开发框架,也是官方推荐的 DApp 开发框架。Meteo 是第一个完全支持 SPA（Single Page Application,单页面应用）程序开发并提供所有必要工具的框架,拥有 SPA 所需的所有工具,例如,即时编译、模板引擎,支持实时重载、CSS 注入,也支持很多预编译工具。

（4）Remix。

Remix 是以太坊官方推荐的智能合约 IDE。Remix 运行在浏览器端,集成了测试环境及智能合约编译、检测、部署、调用等功能。该工具是后文重点演示的工具。

5.7　以太坊改进提案

和比特币一样,以太坊同样支持制定改进提案——EIP(Ethereum Improvement Proposal,以太坊改进提案)。EIP 是用户针对以太坊潜在新功能或流程所提出的建议标准,包含功能、简明技术细节和改进缘由等内容,社区中的任何人都可以提出,提出者负责在社区内建立共识并记录反对意见。

如前文所述,以太坊没有固定的共识奖励金额,例如,2017 年,Byzantium EIP 将 5 以太币奖励调整为 3 以太币。除此之外,还有几个重要改进:2016 年,Homestead EIP 标志着以太坊进入 Homestead 阶段,该阶段包含以太坊若干重要协议及网络变更,是以太坊最为人熟知的版本之一;2016 年,Tangerine Whistle 和 Spurious Dragon EIP 对 DoS 攻击做出反应;2019 年,Constantinople EIP 保证区块链在 PoS 算法实现前不会被冻结,并优化了EVM 数据存储操作的 Gas 消耗数量的计算方式;2019 年,Istanbul EIP 再次优化了 EVM数据存储操作的 Gas 消耗数量的计算方式,并进行了 DoS、隐私保护(SNARK、Zcash)相关改进;2020 年,Muir Glacier EIP 将难度炸弹的启动延迟,避免共识周期过长、交易上链过慢、DApp 等待时间过长的问题。在近几年的升级中,以太坊引入了质押合约、信标链等内容,逐步为 2.0 版本的迭代以及 2.0 与 1.0 版本的合并创造条件。

值得一提的是,我国著名的金链盟开源平台 FISCO BCOS 就是基于以太坊演进而来的,更适合于非公有链环境。希望读者在了解原生以太坊技术基础之上,能够按需选择区块链平台进行业务赋能。

5.8　以太坊系统搭建

和比特币类似,以太坊系统软件包含公有网络和测试网络,但不同的是,以太坊维护C++、Go 语言等多种版本。本节将分别介绍这两种版本的搭建方法。为什么介绍两种语言?因为 C++语言是 FISCO BCOS 沿用的版本,Go 语言是目前以太坊的主流版本,希望读者能够熟悉不同语言的基本搭建方法,方便后续根据实际业务场景深入实践。

5.8.1　区块链搭建(C++版本)

以太坊 C++版本的安装方式主要包括二进制安装包安装(支持 Windows、Linux、macOS 等操作系统)、源码编译(通过 cmake 和 make 命令编译)及镜像获取(主要指 Docker镜像)。本书选择最后一种方式,原因如下:一是受到以太坊官方支持;二是区别于比特币这种传统安装流程;三是为了获得云原生技术红利。

1. 节点启动

首先,拉取 Docker 镜像并创建区块链数据和账号密钥存储目录,如例 5-1 所示。

【**例 5-1**】　以太坊安装(C++版本)。

```
1  docker pull ethereum/aleth:1.8.0
2  sudo mkdir -p /data/ethereum/web3
3  sudo chmod 777 -R /data/ethereum
```

然后，创建容器，启动以太坊节点，如例 5-2 所示。

【例 5-2】　以太坊启动（C++ 版本）。

```
1  docker run -v /data/ethereum:/home/aleth/.ethereum -v /data/ethereum/web3:/home/
   aleth/.web3 -p 30303:30303 -p 8545:8545 --name=aleth docker.io/ethereum/aleth:1.8.0
```

其中，docker run 命令中，-v 参数将主机目录挂载至容器，由于该容器默认使用 aleth 用户及其家目录下的 .ethereum 和 .web3 目录，因此，直接将 /data/ethereum 和 /data/ethereum/web3 目录挂载至 /home/aleth/.ethereum 和 /home/aleth/.web3 目录；-p 参数将以太坊网络监听地址暴露至容器外部，否则外部无法访问容器内服务，30303 参数表示 P2P 监听地址，用于节点消息交互，8545 参数表示 JSON HTTP RPC 监听端口，用于远程调用，例如，发送交易；--name 参数指定容器实例名称；docker.io/ethereum/aleth:1.8.0 参数是镜像名称，容器由该镜像创建；最后是以太坊节点启动命令中的参数，此处未指定任何参数，即 docker.io/ethereum/aleth:1.8.0 参数后面为空，此时，容器的启动命令（python3/usr/bin/aleth.py，已在镜像封装时指定）默认执行，aleth.py 脚本调用 /usr/bin/aleth 命令，启动以太坊节点，如果需要添加参数，则在 docker.io/ethereum/aleth:1.8.0 参数后添加即可，该参数将被添加至启动命令之后。

完成后，系统输出日志，如图 5-3 所示。

```
INFO  06-05 01:34:13 main net       Id: ##c698229d…
INFO  06-05 01:34:13 main net       ENR: [ seq=1 id=v4 key=03c69822… tcp=30303 udp
=30303 ]
INFO  06-05 01:34:13 main chain     Opened blockchain database. Latest block hash:
 #d4e56740…(rebuild not needed)
aleth 1.8.0
INFO  06-05 01:34:14 p2p info       UPnP device not found.
INFO  06-05 01:34:14 p2p net        Active peer count: 0
INFO  06-05 01:34:14 p2p net        Looking for peers...
Node ID: enode://c698229d1f7a27bf0083cf4e2a98e4a9599dc42cf7393a8f3bd31f6e67461a
d320b5dfbb7345651d85914883a63b37c4574688813fe30e244a3bdfb4421df1c9@127.0.0.1:30
303
JSONRPC Admin Session Key: EaZCvz8yo1M=
INFO  06-05 01:34:14 main rpc       JSON-RPC socket path: /home/aleth/.ethereum/ge
th.ipc
```

图 5-3　以太坊（C++ 版本）启动日志

除此之外，还需要进入容器单独启动 JSON HTTP RPC 监听，否则上文 8845 端口不生效，如例 5-3 所示。

【例 5-3】　以太坊监听（C++ 版本）。

```
1  docker exec -it aleth sh
2  dopple.py /home/aleth/.ethereum/geth.ipc http://0.0.0.0:8545
```

其中，docker exec 命令进入 aleth 容器的内部。dopple.py 命令将以太坊节点启动时创建的 IPC 连接与此次监听的地址和端口绑定。

完成后，通过浏览器访问 http://127.0.0.1:8545，如图 5-4 所示。

```
Dopple JSON-RPC Proxy

Version:  0.3.0
Proxy:    5ae968273c9d:8545
Backend:  unix:home/aleth/.ethereum/geth.ipc (connected: True)
```

图 5-4　以太坊监听日志

接下来,介绍两类重要参数:配置文件和共识参数。前者帮助读者搭建自己的以太坊网络,后者帮助读者进行共识。

2. 配置文件

默认情况下,以太坊加载主网络配置,读者可以自定义配置,创建自己的区块链网络,如例 5-4 所示。

【例 5-4】 以太坊配置文件创建(C++ 版本)。

```
1  sudo mkdir -p /etc/ethereum
2  sudo chmod 777 -R /etc/ethereum
3  vim /etc/ethereum/config.json
```

配置内容主要包括 sealEngine、params、genesis、accounts 4 部分内容,分别代表共识算法、区块链参数、创世区块数据及账号(余额)信息,如例 5-5 所示。

【例 5-5】 以太坊配置(C++ 版本)。

```
1  {
2      "sealEngine": "Ethash",
3      "params": {
4          "accountStartNonce": "0x0",
5          "homesteadForkBlock": "0x0",
6          "EIP150ForkBlock": "0x0",
7          " EIP150Hash":
   "0x0000000000000000000000000000000000000000000000000000000000000000",
8          "EIP155ForkBlock": "0x0",
9          "EIP158ForkBlock": "0x0",
10         "byzantiumBlock": 0,
11         "constantinopleBlock": 0,
12         "petersburgBlock": 0,
13         "networkID" : "99",
14         "chainID": "99",
15         "maximumExtraDataSize": "0x20",
16         "tieBreakingGas": false,
17         "minGasLimit": "0x1388",
18         "maxGasLimit": "7fffffffffffffff",
19         "gasLimitBoundDivisor": "0x0400",
20         "minimumDifficulty": "0x0",
21         "difficultyBoundDivisor": "0x0800",
22         "durationLimit": "0x0d",
23         "blockReward": "0x4563918244F40000"
24     },
25     "genesis": {
26         "nonce": "0x0000000000000042",
27         "difficulty": "0x0",
28         "mixHash":
   "0x0000000000000000000000000000000000000000000000000000000000000000",
29         "author": "0x0000000000000000000000000000000000000000",
30         "timestamp": "0x0",
31         "parentHash":
   "0x0000000000000000000000000000000000000000000000000000000000000000",
```

```
32       "extraData":
   "0x11bbe8db4e347b4e8c937c1c8370e4b5ed33adb3db69cbdb7a38e1e50b1b82fa",
33       "gasLimit": "7ffffffffffffffff "
34     },
35     "accounts": {
36       "0x5ecfb808687c3a3f9069d402079e452684212e93": {
37         "balance": "2000000000000000000"
38       }
39     }
40 }
```

其中，sealEngine 参数配置共识引擎，可以设置为 Ethash、NoProof 或 BasicAuthority。Ethash 表示仍然使用工作量证明机制，但建议调整配置文件的难度值等参数，并在节点启动时配置共识参数（共识参数将在后文介绍）；NoProof 表示不需要工作量证明；BasicAuthority 表示由约定账号进行区块创建。params 参数：这里的 *** ForkBlock 等参数是公有链各版本分叉标识；通过 networkID 参数配置一个新的网络 ID，标识自己搭建的网络。accounts 参数：指定预置账号，包括 precompiled 账号和用户账号，允许预先配置账号余额，如例 5-6 所示。

【例 5-6】 以太坊账号设置（C++版本）。

```
1  "accounts": {
2     "0000000000000000000000000000000000000001": { "precompiled": { "name": "ecrecover",
   "linear": { "base": 3000, "word": 0 } }, "balance": "0x01" },
3     " 0000000000000000000000000000000000000002": { "precompiled": { "name": "sha256",
   "linear": { "base": 60, "word": 12 } }, "balance": "0x01" },
4     "0000000000000000000000000000000000000003": { "precompiled": { "name": "ripemd160",
   "linear": { "base": 600, "word": 120 } }, "balance": "0x01" },
5     "0000000000000000000000000000000000000004": { "precompiled": { "name": "identity",
   "linear": { "base": 15, "word": 3 } }, "balance": "0x01" },
6     "0000000000000000000000000000000000000005": { "precompiled": { "name": "modexp" },
   "balance": "0x01" },
7     "0000000000000000000000000000000000000006": { "precompiled": { "name": "alt_bn128_
   G1_add", "linear": { "base": 500, "word": 0 } }, "balance": "0x01" },
8     "0000000000000000000000000000000000000007": { "precompiled": { "name": "alt_bn128_
   G1_mul", "linear": { "base": 40000, "word": 0 } }, "balance": "0x01" },
9     "0000000000000000000000000000000000000008": { "precompiled": { "name": "alt_bn128_
   pairing_product" }, "balance": "0x01" },
10    "0x5ecfb808687c3a3f9069d402079e452684212e93": {
11       "balance" : "2000000000000000000"
12    }
13 }
```

配置文件涉及大量账号信息，这些账号的生成可以采用两种方式：一种是在节点容器启动前，通过 docker run 命令创建临时容器，并通过 docker exec 命令进入容器，在容器内执行 aleth account new 命令并指定密码；另一种是节点启动后，调用 personal_newAccount() 接口，如例 5-7 所示。

【例 5-7】 以太坊账号创建（C++版本）。

```
1  curl -H "Content-Type: application/json" -X POST --data '{"jsonrpc":"2.0","method":
   "personal_newAccount","params":["123456"],"id":1}' 127.0.0.1:8545
```

其中，curl 命令指定调用以太坊 personal_newAccount()接口，123456 参数用于设置密码。

创建后，账号密钥存储在节点密钥管理器中，持久化保存在容器内的/home/aleth/.web3/keys 目录下（该目录已经与主机共享）。密钥管理器相当于节点维护的钱包，通过节点维护密钥的好处是便于本地环境调测。接口执行后，可通过 personal_listAccounts()接口查看账号列表，如例 5-8 所示。

【例 5-8】 以太坊账号查看（C++版本）。

```
1  curl -H "Content-Type: application/json" -X POST --data '{"jsonrpc":"2.0","method":
   "personal_listAccounts","params":[],"id":1}' 127.0.0.1:8545
```

需要注意的是，如果自建的区块链网络需要包含多节点，各节点需要使用相同的配置文件，且节点启动过程需要指定它们的节点连接信息，确保节点启动直连，即指定--network-id参数后跟配置文件的 networkID 参数，指定--peerset 参数后跟 required:关键词与具体节点信息，节点信息格式可参考节点启动日志输出的内容，如图 5-5 所示。

```
Node ID: enode://c698229d1f7a27bf0083cf4e2a98e4a9599dc42cf7393a8f3bd31f6e67461a
d320b5dfbb7345651d85914883a63b37c4574688813fe30e244a3bdfb4421df1c9@127.0.0.1:30
303
```

图 5-5   以太坊节点编码

完成后，挂载配置目录，指定该目录下的配置文件并启动节点，命令最后的 *** 表示其他启动参数，如例 5-9 所示。

【例 5-9】 以太坊自定义配置启动（C++版本）。

```
1  docker run -v /data/ethereum:/home/aleth/.ethereum -v /data/ethereum/web3:/home/
   aleth/.web3 -v /etc/ethereum:/etc/ethereum -p 30303:30303 -p 8545:8545 --name=aleth
   docker.io/ethereum/aleth:1.8.0 --config /etc/ethereum/config.json ***
```

3. 共识参数

默认情况下，共识开关处于关闭状态，如果需要共识，需要在启动命令后追加两个参数：一是-m 参数，后跟 on 关键词；二是-a 参数，后跟共识奖励地址，这个地址可以通过前文介绍的 aleth account new 等方式创建。

除了配置文件和共识参数外，以太坊还支持很多其他参数，读者可以在启动命令后追加-h 参数进一步了解。

5.8.2   区块链搭建（Go 版本）

与 C++版本类似，同样包括二进制安装包安装、源码安装及镜像获取。出于和 C++版本安装方式一样的考虑，笔者采用最后一种方式。

1. 节点启动

首先,拉取 Docker 镜像并创建数据存储目录,如例 5-10 所示。

【例 5-10】 以太坊安装(Go 版本)。

```
1  docker pull ethereum/client-go:v1.10.18
2  sudo mkdir -p /data/ethereum
3  sudo chmod 777 -R /data/ethereum
```

然后,创建容器,启动以太坊节点,如例 5-11 所示。

【例 5-11】 以太坊启动(Go 版本)。

```
1  docker run -v /data/ethereum:/root/.ethereum -p 30303:30303 -p 8545:8545 --name=geth
   docker.io/ethereum/client-go:v1.10.18 --http --http.addr 0.0.0.0 --http.corsdomain
   "*" --http.api web3,eth,debug,personal,net
```

其中,docker run 命令:-v 参数将主机数据存储目录挂载至容器,该容器默认使用 root 用户及该用户目录下的.ethereum 目录,因此,笔者直接将/data/ethereum 目录挂载至/root/.ethereum 目录,如果需要修改默认目录,则只需要将/root/.ethereum 目录修改为新的目录,并在下文以太坊节点启动命令中通过--datadir 参数指定新的目录;-p 参数将以太坊网络监听地址暴露至容器外部,否则外部无法访问容器内服务,30303 表示 P2P 监听地址,用于节点消息交互,8545 表示 HTTP 监听端口,用于远程调用,例如,发送交易;--name 参数指定容器实例名称;docker.io/ethereum/client-go:v1.10.18 是镜像名称,容器由该镜像创建;最后是以太坊节点启动命令中的参数,容器的启动命令已在镜像封装时指定,是 geth,这里指定的参数包括--http 参数、--http.addr 参数、--http.corsdomain 参数、--http.api 参数,用于设置 HTTP 监听、监听地址、允许跨域范围及对外暴露接口范围,这些参数将被追加至以太坊启动命令之后,使启动命令变成 geth --http --http.addr 0.0.0.0 --http.corsdomain "*" --http.api web3,eth,debug,personal,net。

完成后,系统输出日志,如图 5-6 所示。

```
INFO [06-05|02:53:40.664] Starting Geth on Ethereum mainnet...
INFO [06-05|02:53:40.664] Bumping default cache on mainnet          provided=102
4 updated=4096
INFO [06-05|02:53:40.665] Maximum peer count                        ETH=50 LES=0
 total=50
INFO [06-05|02:53:40.666] Smartcard socket not found, disabling     err="stat /r
un/pcscd/pcscd.comm": no such file or directory"
WARN [06-05|02:53:40.668] Sanitizing cache to Go's GC limits        provided=409
6 updated=1302
INFO [06-05|02:53:40.668] Set global gas cap                        cap=50,000,0
00
INFO [06-05|02:53:40.668] Allocated trie memory caches              clean=195.00
MiB dirty=325.00MiB
INFO [06-05|02:53:40.668] Allocated cache and file handles          database=/ro
ot/.ethereum/geth/chaindata cache=649.00MiB handles=524,288
INFO [06-05|02:53:40.680] Opened ancient database                   database=/ro
ot/.ethereum/geth/chaindata/ancient readonly=false
INFO [06-05|02:53:40.680] Writing default main-net genesis block
INFO [06-05|02:53:40.819] Persisted trie from memory database       nodes=12356
size=1.78MiB time=26.301095ms gcnodes=0 gcsize=0.00B gctime=0s livenodes=1 live
size=0.00B
```

图 5-6　以太坊(Go 版本)启动日志

和 C++版本类似,笔者同样介绍两类参数:配置文件和共识参数。

2. 配置文件

默认情况下,以太坊加载主网络配置,读者也可以定制化自己的区块链网络。

配置具体参数前,创建配置文件,如例 5-12 所示。

【例 5-12】 以太坊配置文件创建(Go 版本)。

```
1  sudo mkdir -p /etc/ethereum
2  sudo chmod 777 -R /etc/ethereum
3  vim /etc/ethereum/genesis.json
4  vim /etc/ethereum/config.toml
```

分别编辑创世区块配置和其他配置。针对创世区块信息进行配置,如例 5-13 所示。

【例 5-13】 以太坊创世区块配置(Go 版本)。

```
1  {
2    "config": {
3      "chainId": 99,
4      "homesteadBlock": 0,
5      "eip150Block": 0,
6      "eip150Hash":
   "0x0000000000000000000000000000000000000000000000000000000000000000",
7      "eip155Block": 0,
8      "eip158Block": 0,
9      "byzantiumBlock": 0,
10     "constantinopleBlock": 0,
11     "petersburgBlock": 0,
12     "ethash": {}
13   },
14   "nonce": "0x42",
15   "timestamp": "0x0",
16   "extraData": "0x11bbe8db4e347b4e8c937c1c8370e4b5ed33adb3db69cbdb7a38e1e50b1b82fa",
17   "gasLimit": "0x7fffffffffffffff",
18   "difficulty": "0x0",
19   "mixHash": "0x0000000000000000000000000000000000000000000000000000000000000000",
20   "coinbase": "0x0000000000000000000000000000000000000000",
21    "alloc": {
22      "0x5ecfb808687c3a3f9069d402079e452684212e93": {
23          "balance": "0x1bc16d674ec80000"
24      }
25    }
26 }
```

该配置涉及以太坊预置账号,可通过 geth account new 命令,或直接接口调用,如例 5-14 所示。

【例 5-14】 以太坊创建账号(Go 版本)。

```
1  curl -H "Content-Type: application/json" -X POST --data '{"jsonrpc":"2.0","method":
   "personal_newAccount","params":["123456"],"id":1}' 127.0.0.1:8545
```

其中,curl 命令指定调用以太坊 personal_newAccount()接口,123456 参数用于设置密码。值得注意的是,只有节点启动时在--http. api 参数指定 personal 参数,该接口才能对外开放，如果不指定，调用时将提示接口不可用。

创建后，账号密钥存储在节点密钥管理器中，持久化保存在容器内的/root/.ethereum/keystore 目录下（该目录已经与主机共享）。密钥管理器相当于节点维护的钱包，通过节点维护密钥的好处是便于本地环境调测。

通过命令可以查看已创建的账号地址，如例 5-15 所示。

【例 5-15】　以太坊查看账号（Go 版本）。

```
1  curl -H "Content-Type: application/json" -X POST --data '{"jsonrpc":"2.0","method":
   "personal_listAccounts","params":[],"id":1}' 127.0.0.1:8545
```

账号和密钥的创建不仅用于共识奖励，更多的作用是创建交易、部署和调用智能合约。

其他配置内容主要包括 Eth 参数、Eth. Miner 参数、Eth. Ethash 参数、Eth. TxPool 参数、Eth. GPO 参数、Node 参数、Node. P2P 参数、Node. HTTPTimeouts 参数、Metrics 参数这几部分内容，分别代表通用参数、共识节点参数、共识算法、交易内存池参数、Gas 价格、节点参数、P2P 参数、HTTP 参数、监控数据库等信息，如例 5-16 所示。

【例 5-16】　以太坊其他配置（Go 版本）。

```
1  [Eth]
2  NetworkId = 99
3  SyncMode = "snap"
4  EthDiscoveryURLs = ["enrtree:// AKA3AM6LPBYEUDMVNU3BSVQJ5AD45Y7YPOHJLEF6W26QOE4VTUDPE
   @all.mainnet.ethdisco.net"]
5  SnapDiscoveryURLs = ["enrtree:// AKA3AM6LPBYEUDMVNU3BSVQJ5AD45Y7YPOHJLEF6W26QOE4VTUDPE
   @all.mainnet.ethdisco.net"]
6  NoPruning = false
7  NoPrefetch = false
8  TxLookupLimit = 2350000
9  LightPeers = 100
10 UltraLightFraction = 75
11 DatabaseCache = 512
12 DatabaseFreezer = ""
13 TrieCleanCache = 154
14 TrieCleanCacheJournal = "triecache"
15 TrieCleanCacheRejournal = 3600000000000
16 TrieDirtyCache = 256
17 TrieTimeout = 3600000000000
18 SnapshotCache = 102
19 Preimages = false
20 EnablePreimageRecording = false
21 RPCGasCap = 50000000
22 RPCEVMTimeout = 5000000000
23 RPCTxFeeCap = 1e+00
24
25 [Eth.Miner]
26 GasFloor = 0
27 GasCeil = 30000000
28 GasPrice = 1000000000
29 Recommit = 3000000000
30 Noverify = false
```

```
31
32 [Eth.Ethash]
33 CacheDir = "ethash"
34 CachesInMem = 2
35 CachesOnDisk = 3
36 CachesLockMmap = false
37 DatasetDir = "/root/.ethash"
38 DatasetsInMem = 1
39 DatasetsOnDisk = 2
40 DatasetsLockMmap = false
41 PowMode = 0
42 NotifyFull = false
43
44 [Eth.TxPool]
45 Locals = []
46 NoLocals = false
47 Journal = "transactions.rlp"
48 Rejournal = 3600000000000
49 PriceLimit = 1
50 PriceBump = 10
51 AccountSlots = 16
52 GlobalSlots = 5120
53 AccountQueue = 64
54 GlobalQueue = 1024
55 Lifetime = 10800000000000
56
57 [Eth.GPO]
58 Blocks = 20
59 Percentile = 60
60 MaxHeaderHistory = 1024
61 MaxBlockHistory = 1024
62 MaxPrice = 500000000000
63 IgnorePrice = 2
64
65 [Node]
66 DataDir = "/root/.ethereum"
67 IPCPath = "geth.ipc"
68 HTTPHost = ""
69 HTTPPort = 8545
70 HTTPVirtualHosts = ["localhost"]
71 HTTPModules = ["web3", "eth", "debug", "personal", "net"]
72 AuthAddr = "localhost"
73 AuthPort = 8551
74 AuthVirtualHosts = ["localhost"]
75 WSHost = ""
76 WSPort = 8546
77 WSModules = ["net", "web3", "eth"]
78 GraphQLVirtualHosts = ["localhost"]
79
80 [Node.P2P]
81 MaxPeers = 50
82 NoDiscovery = false
```

```
83  BootstrapNodes =
    ["enode://d860a01f9722d78051619d1e2351aba3f43f943f6 f00718d1b9baa4101932a1f5011f16bb
    2b1bb35db20d6fe28fa0bf09636d26a87d31de9ec6203eeedb1f666@18.138.108.67:30303",
84  // …]
85  BootstrapNodesV5 = ["enr:-KG4QOtcP9X1FbIMOe17QNMKqDxCpm14jcX5tiOE4_TyMrFqbmhPZHK_
    ZPG2Gxb1GE2xdt@dOfx9-cgvNtxnRyHEmC0ghGV0aDKQ9aX9QgAAAAD_____4JpZIJ2NIJpcIQDE8K
    diXNlY3AyNTZrMaEDhpehBDbZjM_L9ek699Y7vhUJ-eAdMyQW_Fil522Y0fODdGNwgiMog3VkcIIjKA",
86  // …]
87  StaticNodes = []
88  TrustedNodes = []
89  ListenAddr = ":30303"
90  EnableMsgEvents = false
91
92  [Node.HTTPTimeouts]
93  ReadTimeout = 30000000000
94  WriteTimeout = 30000000000
95  IdleTimeout = 120000000000
96
97  [Metrics]
98  HTTP = "127.0.0.1"
99  Port = 6060
100     InfluxDBEndpoint = "http://localhost:8086"
101     InfluxDBDatabase = "geth"
102     InfluxDBUsername = "test"
103     InfluxDBPassword = "test"
104     InfluxDBTags = "host=localhost"
105     InfluxDBToken = "test"
106     InfluxDBBucket = "geth"
107     InfluxDBOrganization = "geth"
```

与 C++ 版本类似，读者可以指定 NetworkId、BootstrapNodes 等参数指定网络和节点。完成后，先后创建创世区块信息并启动节点，命令最后的 ∗∗∗ 表示其他启动参数，如例 5-17 所示。

【例 5-17】　以太坊自定义配置启动（Go 版本）。

```
1  docker run -v /data/ethereum:/root/.ethereum -v /etc/ethereum:/etc/ethereum --name=
   geth docker.io/ethereum/client-go:v1.10.18 init /etc/ethereum/genesis.json
2  docker rm -f geth
3  docker run -v /data/ethereum:/root/.ethereum -v /etc/ethereum:/etc/ethereum -p 30303:
   30303 -p 8545:8545 --name=geth docker.io/ethereum/client-go:v1.10.18 --http --http.
   addr 0.0.0.0 --http.corsdomain "*" --http.api web3,eth,debug,personal,net --config /
   etc/ethereum/config.toml ∗ ∗ ∗
```

3. 共识参数

默认情况下，共识开关处于关闭状态，如果需要共识，需要新增--mine 参数、--miner. threads 参数和--miner. etherbase 参数，分别用于启动共识、设置共识线程数量和奖励地址。其中，共识奖励地址的获取可以参考前文创建账号流程。

除了配置文件和共识参数外，以太坊还支持很多其他参数，读者可以在启动命令后追加-h 参数进一步了解。

5.9　以太坊合约开发

以太坊智能合约开发依赖于开发工具。本节首先介绍如何安装这些工具；然后通过一个简单的案例介绍如何开发、部署并调用智能合约；最后通过案例深入介绍以太坊智能合约特性。

5.9.1　智能合约环境搭建

以太坊智能合约首推的开发语言是 Solidity，开发前，需要安装 Solidity 开发工具。工具主要分两类：一类是基础工具，这些工具有利于读者了解底层技术和开发流程，尽管是基础工具，使用频率仍然很高；另一类是 IDE 工具，这些工具的主要作用是简化开发、测试和部署流程。两类工具的介绍如下。

（1）基础工具。

基础工具包括 solc、HTTP 客户端和 web3 SDK。其中，solc 用于编译 Solidity 源码文件；HTTP 指直接调用以太坊原生的 HTTP 接口，实现和以太坊节点及智能合约交互；web3 是一个基于 JavaScript 语言的 SDK，用于和以太坊节点及智能合约交互，交互过程封装了 HTTP 交互流程，比 HTTP 调用更简单。

（2）IDE 工具。

IDE 工具包括 Remix、Visual Studio Code 等。其中，Remix 是以太坊官方工具，提供 Web 端的 Solidity 开发环境，支持在线编译，并通过封装 web3 的方式为开发人员提供与区块链一键交互的能力，适用于智能合约开发、测试和部署；Visual Studio Code 是国内外知名的开发工具，具备跨语言（支持 C++、Node.js、JavaScript 等语言）和跨平台（支持 Linux、Windows、macOS 等系统）特性，使用过程需要安装额外的插件。

在这里，主要以 Remix 为例进行讲解，在一些核心步骤介绍 Remix 是如何运用基础工具进行处理的。

因此，这里需要进行基础工具和 Remix 的安装。

基础工具的安装并不复杂，solc 支持 Docker 部署，HTTP 通过 curl 工具模拟，web3 可以直接通过 NPM 安装，如例 5-18 所示。

【例 5-18】　以太坊工具安装。

```
1  docker pull ethereum/solc:0.8.7
2  npm install web3@1.5.2
```

Remix 的安装主要涉及两个组件：一个是前端 IDE 组件，提供 Web 端的开发环境；另一个是后端文件共享组件，支持在 Web 端操作本地智能合约文件。前端 IDE 组件的使用方式有两种：一种是直接使用在线 IDE；另一种是本地化部署使用。在 Web 端，可以通过后端文件共享组件连接本地智能合约源码文件。

首先是前端 IDE 组件。

如果选择使用在线 IDE，直接在浏览器输入网址（网址详见前言二维码）。Remix 界面如图 5-7 所示。

界面左侧默认展示智能合约目录和文件，右侧上半部分展示核心插件和源码导入等功能按钮，右侧下半部分是命令行和日志。

图 5-7 Remix 界面

如果选择本地化部署,可以通过 Docker 镜像方式部署,本书使用的最新版本是 0.20.0,如例 5-19 所示。

【例 5-19】 Remix 安装(1)。

```
1  docker pull remixproject/remix-ide:latest
2  docker run -p 8080:80 remixproject/remix-ide:latest
```

启动后,在浏览器中输入 http://localhost:8080,界面和图 5-7 基本一致。

然后是后端文件共享组件,该组件实现智能合约源码目录和文件的共享。开发人员在前端或后端编写的代码将实时同步至对端。安装该组件的同时,需要创建源码目录,如例 5-20 所示。

【例 5-20】 Remix 安装(2)。

```
1  sudo npm install -g @remix-project/remixd@0.6.1
2  sudo mkdir -p /etc/ethereum/contracts
3  sudo chown -R lijianfeng /etc/ethereum
```

完成安装后,启动该组件。

如果读者使用的是在线 IDE,命令最后的 *** 表示在线 IDE 网址(网址详见前言二维码),Remix 的启动方式如例 5-21 所示。

【例 5-21】 Remix 启动方式一。

```
1  sudo remixd -s /etc/ethereum/contracts -u * * *
```

如果读者使用的是本地化部署的界面,Remix 的启动方式如例 5-22 所示。

【例 5-22】　Remix 启动方式二。

```
1  remixd -s /etc/ethereum/contracts -u http://localhost:8080
```

其中,remixd 命令中,-s 参数指定需要共享的 Linux 目录;-u 参数指定服务地址和端口号,用于前后端 Web Socket 协议互联。

启动后,在 Web 端首页单击 SOLIDITY 按钮,设置编译器版本、开发语言、EVM 版本等内容,如图 5-8 所示。

图 5-8　Remix 前端相关设置

单击 Connect to Localhost 按钮,连接后端文件共享组件,这样,Web 端便能够切换至 /etc/ethereum/contracts 目录,如图 5-9 所示。

图 5-9　Remix 后端连接配置

目前该目录为空,读者可以在该目录下创建子目录并新建智能合约源码文件。

5.9.2 智能合约开发

以"Hello，world！"为例，演示如何开发智能合约，如例 5-23 所示。

【例 5-23】 Solidity 智能合约——"Hello，world！"。

```
1  pragma solidity ^0.8.7;
2
3  // 定义智能合约
4  contract Hello {
5      // returns (string)：定义返回值类型为 string
6      function hi() public pure returns (string memory) {
7          return "Hello, world!";
8      }
9  }
```

首先，在 Remix 界面创建 hello 目录和 Hello.sol 文件，如图 5-10 所示。

然后，进行源码编译，编译器根据源码文件开头的 pragma 关键词标识自动切换版本，如图 5-11 所示。

图 5-10　Remix 开发界面　　　　图 5-11　Remix 编译配置

完成编译后,产生二进制字节码和 ABI 文件,后续智能合约部署过程需要使用它们。其中,ABI 包含了智能合约函数及参数详情,如例 5-24 所示。

【例 5-24】 Solidity ABI 结构。

```
 1  [
 2      {
 3          "inputs": [],
 4          "name": "hi",
 5          "outputs": [
 6              {
 7                  "internalType": "string",
 8                  "name": "",
 9                  "type": "string"
10              }
11          ],
12          "stateMutability": "pure",
13          "type": "function"
14      }
15  ]
```

细心的读者可能注意到编译出现了警告,建议在智能合约源码文件的第一行声明许可,例如,//SPDX-License-Identifier：MIT 或//SPDX-License-Identifier：GPL-3.0。

Remix 会从安全性、经济性等多个维度对智能合约进行分析,如图 5-12 所示。

图 5-12　Remix 静态分析

如果将上文编译过程转换为基础 solc 工具编译,则如例 5-25 所示。

【例 5-25】 Solidity 智能合约编译。

```
1  docker run -v /etc/ethereum/contracts:/root/contracts docker.io/ethereum/solc:0.8.7
   -o /root/contracts/hello --abi --bin /root/contracts/hello/Hello.sol
```

编译结果包括 Hello.bin 文件和 Hello.abi 文件。

5.9.3 智能合约部署

使用 Remix 部署智能合约时,选择以太坊节点、账号等信息,如图 5-13 所示。

界面默认选择的是虚拟测试环境下的网络节点和账号,该环境下的账号一般具备充足的余额,方便读者进行部署、调试。读者可以切换至其他环境和账号,如图 5-14 所示。

图 5-13 Remix 账号配置

图 5-14 Remix 自定义账号配置

其中,Web3 Provider 允许选择一个本地节点,例如前文部署的以太坊节点。选择后,该节点维护的账号地址也将加载出来,如果切换后不显示地址,读者可以参考前文生成共识奖励地址的方法,新建一个账号。由于启动节点时开启了共识并配置了奖励地址,因此,这里余额较多。

读者可以按需选择网络节点,选择后,单击 Deploy 按钮进行智能合约部署。部署后,界面样式发生变化,如图 5-15 所示。

图 5-15 Remix 智能合约部署

　　部署过程创建合约部署型交易,交易信息在右下方命令行界面显示,智能合约部署后的信息(包括新的智能合约地址、智能合约成员函数等)在左下角显示。

　　如果将部署过程转换为 HTTP 调用,分 3 个步骤部署。

　　(1) Gas 估算。

　　估算已编译的二进制字节码需要耗费多少 Gas,如例 5-26 所示。

　　【例 5-26】　Gas 估算。

```
1  curl -H "Content-Type: application/json" -X POST --data
   '{"jsonrpc":"2.0","method":"eth_estimateGas","params":[{"from":"0x5ecfb808687c3a3f9
   069d402079e452684212e93","data":"0x6080604052348015610010057600080fd5b5061017c8061002
   0600039600f3fe608060405234801561001057600080fd5b506004361061002b5760003560e01c8063a
   99dca3f14610030575b600080fd5b61003861004e565b60405161004591906100c4565b6040518091039
   0f35b6060604051806040016040528060001526020017f48656c6c6f2c20776f726c642100000000000
   000000000000000000000000000815250905090565b6000610096826100e6565b6100a081856100f1565
   b93506100b08185602086016101021025565b6100b981610135565b840191505092915050565b60006020820
   1905081810360008301526100de818461008b565b905092915050565b60008151905091905056b60008
   28252602082019050929150505565b60005b8381101561012057808201518184015260208101905061010
   5565b8381111561012f576000848401525b50505050565b6000601f19601f830116905091905056fea26
   4697670667358221220f8316a659f88747af57b67e643b5412780a70ac0039a2fb4d6011b2a9ddee08264
   736f6c63430008070033"}],"id":1}' 127.0.0.1:8545
```

　　(2) 智能合约部署。

　　指定交易信息、账号密码,发送交易进行智能合约部署并获取交易哈希值,如例 5-27 所示。

　　【例 5-27】　Solidity 智能合约部署。

```
1  curl -H "Content-Type: application/json" -X POST --data
   '{"jsonrpc":"2.0","method":"personal_sendTransaction","params":[{"from":"0x5ec
   fb808687c3a3f9069d402079e452684212e93","gas":"0x258d3","data":"0x60806040523480156
   1001057600080fd5b5061017c8061002060000396000f3fe608060405234801561001057600080fd5
   b506004361061002b5760003560e01c8063a99dca3f14610030575b600080fd5b61003861004e565b60
   405161004591906100c4565b60405180910390f35b6060604051806040016040528060001526020017
   f48656c6c6f2c20776f726c6421000000000000000000000000000000000000000815250905090565b60
   00610096826100e6565b6100a081856100f1565b93506100b08185602086016101021025565b6100b981610
   135565b840191505092915050565b600060208201905081810360008301526100de818461008b565b90
   5092915050565b60008151905091905056b60008282526020820190509291505055565b60005b8381101
   561012057808201518184015260208101905061010105565b8381111561012f576000848401525b50505050
   50565b6000601f19601f830116905091905056fea2646970667358221220f8316a659f88747af57b67e
   643b5412780a70ac0039a2fb4d6011b2a9ddee08264736f6c63430008070033"},"123456"],"id":1}'
   127.0.0.1:8545
```

　　(3) 交易回执查询。

　　通过交易哈希值能够查到已经上链的交易回执,如例 5-28 所示。

　　【例 5-28】　以太坊交易回执查询。

```
1  curl -H "Content-Type: application/json" -X POST --data '{"jsonrpc":"2.0","method":
   "eth_getTransactionReceipt","params":["0xdc8194dd01341285272f2dfacc5903ed78e16b20
   22f9137acb6bb7c3888aed11"],"id":1}' 127.0.0.1:8545
```

　　回执中包含新的智能合约地址、区块高度等信息,如果在正式环境中,建议通过 eth_

blockNumber()接口获取最新区块高度,与回执里的区块高度进行比较。

在这里,记录返回结果,用于在 Remix 验证部署结果,如图 5-16 所示。


```
{"jsonrpc":"2.0","id":1,"result":{"blockHash":"0xc73d8243bec0504a37352c13ca7c09
6ef1eb3f7dd15a7648cd6009491bc5b499","blockNumber":"0x4c","contractAddress":"0x7
9ce7a86fa101668a2e562e1d730ccac7dee1a70","cumulativeGasUsed":"0x258d3","effecti
veGasPrice":"0x3b9aca00","from":"0x5ecfb808687c3a3f9069d402079e452684212e93","g
asUsed":"0x258d3","logs":[],"logsBloom":"0x000000000000000000000000000000000000
0000000000000000000000000000000000000000000000000000000000000000000000000000000
0000000000000000000000000000000000000000000000000000000000000000000000000000000
0000000000000000000000000000000000000000000000000000000000000000000000000000000
0000000000000000000000000000000000000000000000000000000000000000000000000000000
0000000000000000000000000000000000000000000000000000000000000000000000000000000
0000000000000000000000000000000000000000000000000000000000000000000000000000000
00","status":"0x1","to":null,"transactionHash":"0x78ee2c976ff2cd623d1748a955c64
7d8b2388a5fcab06afbb7a3e41873bd7f29","transactionIndex":"0x0","type":"0x0"}}
```


图 5-16　以太坊交易回执信息

复制这里的 contractAddress 参数并在 Remix 界面输入,能够查询到该智能合约,如图 5-17 所示。

图 5-17　Remix 智能合约验证

通过这种方法,反向验证了以 HTTP 直连方式部署智能合约是成功的。

此外,如果是基于 web3 方式,主要参数包括 abiJsonInterface 参数(ABI 信息)、address 参数(需要调用的智能合约地址,部署智能合约时无须填写,调用智能合约时需要填写)、options 参数(交易信息)、optionsContact 参数(智能合约编译后的字节码及构造函数入参)、callback 参数(回调函数),如例 5-29 所示。

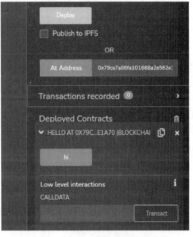

【例 5-29】　以太坊 web3 部署方式。

```
var myContractInstace = new web3.eth.Contract(abiJsonInterface[, address][, options])
myContractInstace.deploy(optionsContact).send(options[, callback])
```

值得注意的是,如果在正式环境中,建议独立部署钱包,例如,独立维护密钥管理器或使用 MetaMask。

5.9.4　智能合约调用

使用 Remix 调用智能合约时,只需要单击智能合约函数名称所在的按钮(这里是 hi 按钮)即可,如图 5-18 所示。

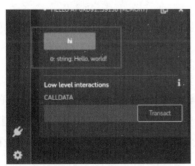

图 5-18　Remix 智能合约调用

将调用过程转换为 HTTP 调用有两种方式：一种是直接调用；另一种是交易执行。

(1) 直接调用。

直接调用通过本地调用获取结果,无须创建交易,这种调用方式不会改变区块链状态。调用时,需要指定智能合约地址、ABI 编码格式及具体区块(latest 参数表示最新区块)。在这里,重点说一下 ABI 编码格式,该格式包含两部分：前一部分是函数名称和参数的

SHA-3 结果的前 4 字节；后一部分是具体参数的 ABI 编码，ABI 编码格式可借助工具生成，例如，pyethereum 等项目内置的编码转换脚本、web3 已封装好的方法或 HashEx 等类型工具。参数准备完毕后，进行直接调用，如例 5-30 所示。

【例 5-30】 以太坊直接调用方式。

```
1  curl -H "Content-Type: application/json" -X POST --data '{"jsonrpc":"2.0","method":
   "eth_call"," params": [{ " from":" 0x5ecfb808687c3a3f9069d402079e452684212e93"," to":
   "0x79ce7a86fa101668a2e562e1d730ccac7dee1a70","data":"0xa99dca3f"},"latest"],"id":1}'
   127.0.0.1:8545
```

或基于 web3 方式，主要参数包括 param * 系列参数（智能合约函数入参，这里传入的参数不再是 ABI 编码格式，而是明文，和正常 SDK 函数调用一样）、options 参数（交易信息）及 callback 参数（回调函数），如例 5-31 所示。

【例 5-31】 以太坊 web3 直接调用方式。

```
1  myContractInstance.methods.myMethod([param1[,param2[, ...]]]).call(options[, callback])
```

（2）交易执行。

通过创建并发送一笔交易实现，这种方式交易将上链，影响区块链全局状态。该流程与部署流程相似，如例 5-32 所示。

【例 5-32】 以太坊交易执行方式。

```
1  curl -H "Content-Type: application/json" -X POST --data
   '{"jsonrpc":"2.0","method":"personal_sendTransaction","params":[{"from":"0x5ecfb808
   687c3a3f9069d402079e452684212e93","to":"0x79ce7a86fa101668a2e562e1d730ccac7dee1a70",
   "gas":"0xd01b","data":" 0xa99dca3f"},""],"id":1}' 127.0.0.1:8545
```

或基于 web3 方式，主要参数包括 param 系列参数（智能合约函数入参）、options 参数（交易信息）及 callback 参数（回调函数），如例 5-33 所示。

【例 5-33】 以太坊 web3 交易执行方式。

```
1  myContractInstance.methods.myMethod([param1[,param2[, ...]]]).send(options[, callback])
```

5.9.5　智能合约详解

Solidity 智能合约类似于面向对象语言中的类，它通过状态变量（可理解为类的成员变量）持久化数据，通过成员函数修改这些数据。

1. 类型

Solidity 是一种静态类型语言，这意味着需要声明每个变量的类型。Solidity 不存在 undefined 或 null 的概念，但每个新声明的变量总有一个默认值，默认值取决于它的类型。例如，bool 对应 false，int/uint 对应 0，bytes/string 对应空数组/字符串，enum 对应第一个元素。

Solidity 变量类型主要包括以下两种。

（1）值类型。

指变量的存储空间存的是变量的数据，如表 5-2 所示。

表 5-2 值类型

值 类 型	描 述
bool	布尔型，一般取 true/false
int	有符号整型，长度为 8～256 位（默认为 256 位），int8 等类型指定具体长度
uint	无符号整型，长度为 8～256 位（默认为 256 位），uint8 等类型指定具体长度
fixed	有符号定点数
ufixed	无符号定点数
address	账号地址，长度为 160 位；另一个 address payable 类型可支付以太币
bytes1	定长数组，还包括 bytes2，bytes3，…，bytes32
enum	枚举，成员不超过 256 个，可在整型之间显式转换，但不允许隐式转换
其他	涉及 unicode 字面量、hex 字面量、有理数和整型字面量、字符串字面量、函数类型等

（2）引用类型。

指变量的存储空间存储的是变量数据所在的存储空间的地址，如表 5-3 所示。

表 5-3 引用类型

引 用 类 型	描 述
T[]	变长数组
bytes	变长数组
string	字符串
struct	结构
mapping	mapping(_KeyType => _ValueType)映射，可理解为哈希表。其中，_KeyType 可以是任何内置的值类型、bytes、string、智能合约或枚举类型，但不能是映射、结构等类型，_ValueType 可以是任何类型，包括映射、结构等类型

引用类型的值可通过多个不同的变量名称来修改。如果使用引用类型，则需要显式指定 memory 关键词（内存变量，它的生命周期受限于外部函数调用，函数执行完毕后销毁）、storage 关键词（存储变量，它的生命周期受限于智能合约，是状态变量存储所需的数据域，数据持久化存储在区块链 KV 数据库）或 calldata 关键词（调用数据，它的数据域是不可修改、非持久化的，用来保存函数参数，行为和 memory 关键词类似，如果可以，建议尽量使用此数据域，因为它将避免数据复制，并确保数据不能被修改）。

映射是较为常用的一种类型，如例 5-34 所示。

【例 5-34】 Solidity 智能合约——映射。

```
1  // SPDX-License-Identifier: GPL-3.0
2  pragma solidity ^0.8.7;
3
4  contract MappingDemo {
5      mapping(address => uint) public balances;    // 存储账号地址和余额的映射关系
6
7      function setBalance(uint newBalance) public {
8          balances[msg.sender] = newBalance;        // 更新智能合约调用方的余额
9      }
10
```

```
11      function getBalance() public view returns (uint) {
12          return balances[msq.sender];              // 获取智能合约调用方的余额
13      }
14 }
```

2. 可见性

智能合约函数和状态变量包含以下 4 种可见性。

（1）external。

external 主要用于声明智能合约函数，相当于智能合约接口，该函数可以被外部的智能合约或交易调用，但不能被内部调用，例如，一个 external 可见性的 f()函数，不能直接通过 f()的形式调用，而需要通过 this.f()的形式调用。

（2）public。

对于 public 修饰的函数，相当于智能合约接口，能够被内部或消息调用；对于 public 修饰的状态变量，编译器自动为其创建 Getter()函数。

（3）internal。

被声明为 internal 可见性的函数和状态变量，只能被内部访问，例如，被当前智能合约或继承于它的智能合约访问，调用时，不需要使用 this 关键词。状态变量默认就是这种可见性。

（4）private。

被声明为 private 可见性的函数和状态变量，只能被当前智能合约访问。

3. 常量和不可变状态变量

可以将状态变量声明为 constant（常量）或 immutable（不可变变量）。这两种情况下，变量都不能在智能合约构造后改变。与常规状态变量相比，常量和不可变状态变量的 Gas 消耗要少得多。两种变量具体含义如下。

（1）constant。

constant 表示变量在声明时就需要赋值，变量在编译阶段就被确定下来。链上不会为这个变量分配存储空间，该变量的值在编译时用具体的值替代，因此，不支持运行时状态赋值（例如，block. timestamp、block. number）。相比于 immutable，constant 有时花费更少。

（2）immutable。

immutable 表示变量在声明或构造时都还可以赋值，但智能合约构造后就不能再改变。变量在构造时不能被读取，且只赋值这一次。这种方式属于运行时赋值，可以避免 constant 关键词不支持运行时状态赋值的问题，该变量同样不占用状态变量存储空间，部署时，值被追加运行时字节码中。

4. 内置对象

Solidity 包含 block、tx、msg 等内置对象（及函数），通过它们能够直接获取区块链相关信息。

block 对象用于获取区块信息，如表 5-4 所示。

表 5-4 区块信息

信　　息	类　　型	含　　义
block. coinbase	address	当前区块奖励地址
block. difficulty	uint	当前区块难度值
block. gaslimit	uint	当前区块 Gas 限制数量
block. timestamp	uint	当前区块时间戳
block. number	uint	当前区块高度
blockhash(< blockNumber >)	bytes32	当前区块哈希值

tx 对象用于获取交易信息，如表 5-5 所示。

表 5-5 交易信息

信　　息	类　　型	含　　义
tx. origin	address	当前交易发送方地址
tx. gasprice	uint	当前交易 Gas 价格

msg 用于获取调用信息，如表 5-6 所示。

表 5-6 调用信息

信　　息	类　　型	含　　义
msg. data	bytes	当前调用完整参数
msg. sig	bytes4	当前调用函数标识符(data 前 4 字节数据)
msg. value	uint	当前发送以太币数量
msg. sender	address	当前调用发送方地址
gasleft()	uint	剩余 Gas 数量

5．函数

函数不仅可以定义在智能合约内，也可以定义在智能合约外。后者具备 internal 可见性，与前者的主要区别是，它不能直接访问存储变量及不在其作用域内的函数，如例 5-35 所示。

【例 5-35】 Solidity 智能合约——函数(1)。

```
1   // SPDX-License-Identifier: GPL-3.0
2   pragma solidity ^0.8.7;
3
4   function findXOutside(uint[] memory _arr, uint _x) pure returns (uint) {
5       for (uint i = 0; i < _arr.length; i++)
6           if (_arr[i] == _x)
7               return i;
8       return 2** 256 - 1;
9   }
10
11  contract FuncDemo {
12      function findXInside(uint[] memory _arr, uint _x) public pure returns (uint) {
13          return findXOutside(_arr, _x);        // 编译器将该函数代码加入智能合约中
14      }
15  }
```

　　函数参数的声明方式与变量相同,未使用的参数名称可以省略。函数返回值跟在 returns 关键词之后,一个函数可以包含多个返回值,如例 5-36 所示。

【例 5-36】　Solidity 智能合约——函数(2)。

```
1  // SPDX-License-Identifier: GPL-3.0
2  pragma solidity ^0.8.7;
3
4  function findXOutside(uint[] memory _arr, uint _x, uint _max_loop) pure returns (uint
   index, bool is_success) {              // 最后一个入参表示最大遍历次数,0 表示不限制次数
5      uint index_tmp = 2**256 - 1;
6      bool is_success_tmp = false;
7      for (uint i = 0; i < _arr.length; i++) {
8          if ((_max_loop != 0) && (i >= _max_loop))   // 注意每个子判断要加括号
9              break;
10         if (_arr[i] == _x) {
11             index_tmp = i;
12             is_success_tmp = true;
13             break;
14         }
15     }
16     // 下面两个变量是返回值,也可以写成 return (index_tmp, is_success_tmp);
17     index = index_tmp;
18     is_success = is_success_tmp;
19 }
20
21 contract FuncDemo {
22     function findXInside(uint[] memory _arr, uint _x, uint) public pure returns (uint
   index, bool is_success) {                    // 预留一个入参,用于指定最大遍历次数
23         return findXOutside(_arr, _x, 0);        // 返回两个结果
24     }
25 }
```

　　函数可以声明为 view 或 pure,也可以不加这个声明,它们的具体含义如下。

　　(1) view。

　　view 表示该函数不修改状态。修改状态的语句包括以下几种:一是写入状态变量;二是触发事件;三是创建其他智能合约;四是使用 selfdestruct;五是通过调用支付以太币;六是调用未标记 viw 关键词或 pure 关键词的函数;七是使用低级调用,例如,(success,)= address(< contract >). call{value: 2 ether}("");八是使用包含某些指令的内联程序,例如,assembly {sum := add(sum, mload(add(add(_data, 0x20), mul(i, 0x20)))) }。

　　(2) pure。

　　pure 表示该函数既不修改状态,也不读取状态。上文已经介绍了修改状态的几个语句,读取状态的语句则包括以下几种:一是读取状态变量;二是访问 address(this). balance 或< address >. balance;三是访问 block、tx、msg 相关变量;四是调用未标记 pure 关键词的函数;五是使用包含某些指令的内联程序。

　　除此之外,还有一类特殊声明——payable,表明该函数涉及以太币支付。

　　函数可以被重载,即有多个同名但参数类型不同的函数,如例 5-37 所示。

【例 5-37】 Solidity 智能合约——函数(3)。

```
1   // SPDX-License-Identifier: GPL-3.0
2   pragma solidity ^0.8.7;
3
4   contract FuncOverloadedDemo {
5       function doMul(uint _in1, uint _in2) public pure returns (uint out) {
6           out = _in1 * _in2;
7       }
8
9       function doMul(uint _in1, uint _in2, uint _in3) public pure returns (uint out) {
10          out = _in1 * _in2 * _in3;
11      }
12  }
```

6. 特殊函数

智能合约存在以下 3 类特殊函数。

(1) 构造函数。

与面向对象语言的类相似,智能合约具有构造函数,构造函数是可选的(可通过手工定义),它仅在智能合约创建时执行一次,定义构造函数的关键词是 constructor。不同于类的是,构造函数是不能重载的,最多只能定义一个。构造函数执行后,智能合约最终字节码被存储在区块链上。编写构造函数示例,如例 5-38 所示。

【例 5-38】 Solidity 智能合约——构造函数。

```
1   // SPDX-License-Identifier: GPL-3.0
2   pragma solidity ^0.8.7;
3
4   contract ConDemo {
5       string name;
6
7       constructor(string memory _name) {    // 智能合约部署时需要指定构造函数入参构造后,状态
                                              // 变量便存储在区块链上
8           name = _name;
9       }
10  }
```

(2) Getter()函数。

如果将状态变量声明为 public,编译器自动为其创建 Getter()函数。Getter()函数具备外部的可见性。如果将变量当作一个符号,当符号被内部访问(例如,不使用 this 关键词),则等价于状态变量;当符号被外部访问(例如,使用 this 关键词)时,则等价于函数。编写Getter()函数示例,如例 5-39 所示。

【例 5-39】 Solidity 智能合约——Getter()函数。

```
1   // SPDX-License-Identifier: GPL-3.0
2   pragma solidity ^0.8.7;
3
4   contract GetterDemo {
```

```
5    uint8 public data;              // 声明为 public 可见性
6
7    function testData() public returns (uint8) {
8        data = 8;                   // 内部访问
9        return this.data();         // 外部访问
10   }
11 }
```

如果 public 关键词修饰的变量是一个数组,则只能在编译器创建的 Getter() 函数中获取数组的单个元素。这种机制是为了避免返回整个数组时,消耗过多 Gas。可以通过参数指定具体要获取的那个元素,或重新编写一个函数返回整个数组,如例 5-40 所示。

【例 5-40】　Solidity 智能合约——数组返回值。

```
1    // SPDX-License-Identifier: GPL-3.0
2    pragma solidity ^0.8.7;
3
4    contract ArrayGetterDemo {
5        uint8[] public arr;
6
7        // 编译器创建的 Getter() 函数,只返回指定元素
8        /*
9        function arr(uint8 i) public view returns (uint8) {      // 可通过 arr(0)等形式访问
10           return arr[i];
11       }
12       */
13
14       // 自定义函数,返回整个数组
15       function getArr() public view returns (uint8[] memory) {
16           return arr;
17       }
18   }
```

（3）回退函数。

每一个智能合约有且仅有一个回退函数,它没有名字、参数和返回值。回退函数在智能合约没有调用到匹配的函数或调用时没有带任何数据时被调用。该函数声明方法包括 fallback() external [payable]、fallback (bytes calldata _input) external [payable] returns (bytes memory output),不需要使用 function 关键词。该函数必须是 external 可见性。

7. 函数修饰器

修饰器用来改变函数的行为。例如,可以使用修饰器在执行函数前自动检查条件,如果条件不满足,则函数调用失败。通过将这些条件封装至修饰器,可有效实现代码复用。编写函数修饰器示例,如例 5-41 所示。

【例 5-41】　Solidity 智能合约——函数修饰器。

```
1    // SPDX-License-Identifier: GPL-3.0
2    pragma solidity ^0.8.7;
3
4    contract ModDemo {
```

```
5    address public owner;
6    string public data;
7
8    constructor() {
9        owner = msg.sender;
10       data = "My secret...";
11   }
12
13   modifier requireOwner {   // 定义一个修饰器,保证只有部署智能合约的账号才能调用相关
                               // 函数
14       require(msg.sender == owner, "Only the owner can call it.");
15       _;   // 表示使用该修饰器的函数体插入位置
16   }
17
18   function getData() public view requireOwner returns (string memory) {   // 使用修饰器
19       return data;
20   }
21 }
```

修饰器是智能合约的可继承属性,只有被声明为 virtual 时,子类才可以进行重写。

8. 继承、抽象和接口

Solidity 智能合约支持继承和多态。继承是从已有智能合约(父合约)中派生出新合约(子合约),子合约具备父合约相关成员变量和函数,并能扩展新的能力。而多态指不同智能合约在同一个函数上具有不同的实现。

尽管智能合约具有父子这种上下层级关系,但实际部署时,只有一个智能合约被部署在区块链上,因为上层智能合约被编译到了该合约。

继承关系中,子合约可以通过 super.< function >() 或< contract >.< function >() 的形式调用上层函数。

多态实现过程可以使用 virtual 关键词和 override 关键词将函数重写。需要注意的是,private() 函数不能声明 virtual。重写过程,可见性等声明可能发生变更,Solidity 智能合约约定只能将 external 变为 public,将非 payable 变为 view 或 pure,将 view 变为 pure,而 payable 不能进行任何改变。编写多态示例,如例 5-42 所示。

【例 5-42】 Solidity 智能合约——多态。

```
1  // SPDX-License-Identifier: GPL-3.0
2  pragma solidity ^0.8.7;
3
4  contract BaseDemo {
5      function func() virtual external view {}
6  }
7
8  contract SubDemo is BaseDemo {
9      function func() override public pure {}
10 }
```

当智能合约至少存在一个函数尚未实现(没有函数体{})时,就需要通过 abstract 关键词声明为抽象合约,抽象合约不能直接实例化,必须有子合约重写后,才能实例化子类。编

写抽象示例,如例 5-43 所示。

【例 5-43】 Solidity 智能合约——抽象。

```
1   // SPDX-License-Identifier: GPL-3.0
2   pragma solidity ^0.8.7;
3
4   abstract contract AbsDemo {
5       function inerface() public virtual returns (uint8);
6   }
7
8   contract SubDemo is AbsDemo{
9       function inerface() public override returns (uint8) {}
10  }
```

当智能合约所有函数都未实现时,就需要通过 interface 关键词声明为接口。相比于抽象合约,接口合约还有一些限制:一是不能继承接口合约之外的其他合约;二是包含的所有函数必须声明为 external;三是不能声明构造函数;四是不能声明状态变量。

9. 事件

事件是 EVM 日志功能的一个抽象。外部系统可以通过以太坊 eth_getTransactionReceipt () (getTransactionReceipt()) 等接口获取具体日志、监听事件。当触发事件时,相关参数被存储在以太坊交易日志中,这些日志与智能合约地址关联。日志具有不同的主题,方便外部快速检索,添加主题的方法是使用 indexed 关键词(最多 3 个)。编写事件示例,如例 5-44 所示。

【例 5-44】 Solidity 智能合约——事件。

```
1   // SPDX-License-Identifier: GPL-3.0
2   pragma solidity ^0.8.7;
3
4   contract EventDemo {
5       bytes32 public data;
6
7       event myEvent(
8           address indexed _who,
9           int indexed _opType,
10          bytes32 _data
11      );
12
13      function updateData(bytes32 _data) public {
14          data = _data;
15          emit myEvent(msg.sender, 1, _data);
16      }
17
18      function getData(bytes32 _data) public returns (bytes32){
19          emit myEvent(msg.sender, 2, _data);
20          return data;
21      }
22  }
```

值得一提的是,事件是智能合约的可继承成员。

10. 错误

Solidity 通过一种方便且高效的方式向调用方解释代码执行失败的原因，即 error 错误机制。error 一般和 revert 一起使用，后者能够使当前调用涉及的所有变更还原，可以将错误信息传递给调用方，如例 5-45 所示。

【例 5-45】　Solidity 智能合约——error 错误机制。

```
1  // SPDX-License-Identifier: GPL-3.0
2  pragma solidity ^0.8.7;
3
4  error BalanceError(uint ava, uint req);
5
6  contract ErrorDemo {
7      mapping(address => uint) balances;
8
9      function transfer(address _to, uint _amount) public {
10         if (_amount > balances[msg.sender])
11             revert BalanceError({
12                 ava: balances[msg.sender],
13                 req: _amount
14             });
15         balances[msg.sender] -= _amount;
16         balances[_to] += _amount;
17     }
18 }
```

值得一提的是，错误不能重载或重写，但可以继承。只要范围不同，就可以在多个地方定义相同的错误。

11. 库

库和智能合约类似，但它们只能被一次性部署在特定地址，库的声明不再是 contract 关键词，而是 library 关键词。可以使用 using < library > for < type >将库函数附加至特定类型（如结构、数组等），附加后，它们将具备库函数的能力。

12. 引用和调用

当业务逻辑比较复杂时，往往需要编写多个智能合约进行引用和调用。

引用可以理解为 C++ 的 include 语法，在 Solidity 中，使用 import 关键词即可，例如，import "./IncludedContract.sol";。

调用指链上的智能合约进行相互调用，最常用的一种方法是在一个智能合约内，构造另一个智能合约实例，构造参数使用另一个智能合约的账号地址，如例 5-46 所示。

【例 5-46】　Solidity 智能合约——跨合约调用。

```
1  // SPDX-License-Identifier: GPL-3.0
2  pragma solidity ^0.8.7;
3
4  contract Callee {                    // 此合约被调用
5      uint public x;
6      function setX(uint _x) public {
7          x = _x;
```

```
 8      }
 9    }
10
11    contract Caller {                          // 此合约调用另一个合约
12      Callee public c;
13
14      constructor(Callee _c) {                 // 指定待调用智能合约地址
15        c = _c;
16      }
17
18      function setX(uint _x) public {
19        return c.setX(_x);                     // 调用另一个智能合约
20      }
21    }
```

13. 案例

最后，以买卖双方商品交易为例，对前文关键知识点进行汇总。

笔者实现的这个智能合约主要用于商品上架和出售，智能合约保存商品价格、抵押金系数、交易双方账号地址等信息。卖方发送以太坊交易完成智能合约部署，部署后，卖方完成金额抵押和商品定价；当买方购买时，同样需要抵押金额；当买卖双方完成交易后，退还抵押金额。编写 Commodity.sol 文件，如例 5-47 所示。

【例 5-47】 Solidity 智能合约——商品交易。

```
 1    // SPDX-License-Identifier: GPL-3.0
 2    pragma solidity ^0.8.7;
 3
 4    contract txBase {                          // 定义交易流程接口
 5      function beginTx() virtual external payable {}   // 定义买方启动交易接口
 6      function confirmTx() virtual external {}         // 定义买方确认交易接口
 7      function finishTx() virtual external {}          // 定义卖方交易结算接口
 8      function pulledOff() virtual external {}         // 定义卖方商品下架接口
 9    }
10
11    contract Commodity is txBase {                     // 定义商品交易合约
12      uint public value;                               // 表示商品实际价格
13      uint constant public RATE = 3;  // 表示抵押系数，买卖过程需抵押金额，例如，价格 100 的
                                        // 商品，交易双方各需要抵押 300，完成后分别退还
14      address payable public purchaser;                // 定义买方账号地址，购买商品时设置
15      address payable public seller;                   // 定义卖方账号地址，部署合约时设置
16
17      enum State { Active, Locked, Finished, NotActive }   // 表示商品状态，分别代表上架、交易
                                                             // 中、交易完毕、下架
18
19      State public state = State.Active;               // 初始化为上架状态
20
21      error errorPurchaser();                          // 买方地址异常
22      error errorSeller();                             // 卖方地址异常
23      error errorState();                              // 商品状态异常
24      error errorRate();                               // 抵押金额异常
25
```

```
26      /*定义修饰器 */
27      modifier checkPurchaser() {              // 定义修饰器,保证买方能购买
28          if (msg.sender != purchaser)          // 仅允许买方调用
29              revert errorPurchaser();
30          _;
31      }
32
33      modifier checkSeller() {                  // 定义修饰器,保证卖方能购买
34          if (msg.sender != seller)             // 仅允许卖方调用
35              revert errorSeller();
36          _;
37      }
38
39      modifier checkState(State _state) {       // 定义修饰器,验证商品状态
40          if (state != _state)                  // 仅允许商品状态匹配时调用
41              revert errorState();
42          _;
43      }
44
45      modifier condition(bool _condition) {
46          require(_condition);
47          _;
48      }
49
50      /*定义事件 */
51      event beginTxLog();
52      event confirmTxLog();
53      event finishTxLog();
54      event pulledOffLog();
55
56      constructor() payable {                   // 部署智能合约(相当于卖方上架商品)
57          seller = payable(msg.sender);         // 记录卖方账号地址,用于后续判断调用方是
                                                  // 否是该卖方
58          value = msg.value / RATE;             // 例如,卖方以太坊交易转账 300,300 转入合
        // 约(作为抵押,300 全部在后续退还),其中 100 设置为商品实际价格
59          if ((RATE * value) != msg.value)
60              revert errorRate();
61      }
62
63      function beginTx() public override         // 用于买方购买商品(表示付钱动作,商品可能
        // 尚未交付买方)
64          checkState(State.Active)
65          condition(msg.value == (RATE * value)) // 同样需要抵押,例如,买方以太坊交易转账
        // 300,300 转入合约(作为抵押,其中 200 在收到商品后退还)
66          payable
67      {
68          emit beginTxLog();
69          purchaser = payable(msg.sender);       // 记录买方账号地址,用于后续判断调用方是
                                                   // 否是该买方
70          state = State.Locked;
71      }
72
73
```

```
74    function confirmTx() public override        // 当买方接收商品后,退还买方抵押金
75        checkPurchaser
76        checkState(State.Locked)
77    {
78        emit confirmTxLog();
79        state = State.Finished;
80        purchaser.transfer(value * (RATE - 1));   // 退还买方金额(仅包括部分抵押金),例
                                                     // 如,300-100
81    }
82
83    function finishTx() public override          // 完成交易后,卖方赎回所有金额
84        checkSeller
85        checkState(State.Finished)
86    {
87        emit finishTxLog();
88        state = State.NotActive;
89        seller.transfer(value * (RATE + 1));      // 退还卖方金额(包括抵押金和商品金额),
                                                     // 例如,200+100
90    }
91
92    function pulledOff() public override          // 尚未进行交易时,卖方将商品下架,赎回
                                                     // 卖方抵押金
93        checkSeller
94        checkState(State.Active)
95    {
96        emit pulledOffLog();
97        state = State.NotActive;
98        seller.transfer(address(this).balance);   // 退还卖方金额(仅包括抵押金),例
                                                     // 如,300
99    }
100 }
```

第6章

以太坊源码解析(C++版本)

通过对以太坊业务流程和技术协议的介绍,相信读者已经对以太坊技术原理有了初步的认识,鉴于以太坊包含 C++和 Go 语言两个版本,笔者将分两章介绍以太坊底层核心源码,本章介绍 C++版本源码,首先介绍以太坊源码结构,然后,自数据层逐层向上解析以太坊源码。

6.1 以太坊源码结构

以太坊 C++版本基于 GPL 3.0 协议,源码根目录划分了不同的模块,如表 6-1 所示。

表 6-1 以太坊源码核心目录结构(C++版本)

模 块	介 绍
libdevcore	基础模块,包括基础数据结构、RLP、MPT、日志、数据库等
libdevcrypto	加密模块,包括密钥管理器、密码库、哈希函数、SNARK 等
libp2p	网络模块,实现 P2P 网络
libethashseal	共识模块,实现 Ethash 算法
libethcore	核心模块,包括区块头、共识引擎、基础交易等以太坊核心数据结构
libethereum	以太坊模块,包括账号、交易、状态、区块及链式结构等核心内容,封装底层网络通信和区块链核心流程
libevm	EVM 模块,实现以太坊虚拟机
libweb3jsonrpc	RPC 模块,定义 JSON HTTP RPC 和 IPC 接口
libwebthree	以太坊业务接口模块
aleth	主程序模块

6.2 以太坊数据层源码

本节主要介绍以太坊账号和状态、交易、区块、区块链等内容,它们是以太坊交易创建和打包、区块生成和上链执行的基础,在以太坊整个业务流程中发挥了关键作用。

6.2.1 账号和状态

账号和状态是以太坊核心数据结构之一。前者是以太坊用户构造交易和承载智能合约的基本数据结构,后者是以太坊维护账号信息和全局状态的基本数据结构。

Account 类是账号类,定义在 libethereum 模块,如前文所述,账号主要包括随机值、余额、数据存储、智能合约、版本等属性,如例 6-1 所示。

【例 6-1】 以太坊账号类（C++ 版本）。

```
1  class Account
2  {
3  private:
4    bool m_isAlive = false;          // 标记账号是否被删除
5    bool m_isUnchanged = false;      // 标记账号数据是否更改
6    bool m_hasNewCode = false;       // 标识是否部署了新的智能合约代码
7    u256 m_nonce;                    // 表示账号随机值
8    u256 m_balance = 0;              // 表示账号余额
9    h256 m_storageRoot = EmptyTrie;  // 表示基础(原始)数据存储 MPT 树根哈希值,标识从状态
                                      // 数据库读取的原始数据存储状态
10   mutable std::unordered_map<u256, u256> m_storageOriginal;   // 表示原始数据存储——
                                                                 // 从状态数据库读取的数
                                                                 // 据存储
11   mutable std::unordered_map<u256, u256> m_storageOverlay;    // 表示新的数据存储,能够
                                                                 // 覆盖(刷新)原始数据存
                                                                 // 储状态
12   u256 m_version = 0;              // 表示账号版本,持久化等场景使用
13   h256 m_codeHash = EmptySHA3;     // 表示智能合约哈希值
14   bytes m_codeCache;               // 表示智能合约代码
15
16 public:
17   // 增加余额
18   void addBalance(u256 _value);
19   // 从变量 m_storageOverlay 获取数据存储的值,若没找到,则调用 originalStorageValue() 函数
20   u256 storageValue(u256 const& _key, OverlayDB const& _db) const
21   // 从变量 m_storageOriginal 获取数据存储的值,若没找到,则查询底层数据库
22   u256 originalStorageValue(u256 const& _key, OverlayDB const& _db) const;
23   // …
24 };
```

State 类是状态类,定义在 libethereum 模块,该类维护状态数据库、账号地址与账号的映射关系。以太坊交易执行后,账号数据变更,这些变更正是通过状态类实现的,因为状态类维护各账号信息,每次变更将修改对应的账号信息,这些信息在交易上链执行完成后,被提交至状态数据库持久化保存,如例 6-2 所示。

【例 6-2】 以太坊状态类（C++ 版本）。

```
1  class State
2  {
3  private:
4    OverlayDB m_db;      // 表示状态数据库,是一个缓存数据库,底层使用 KV 数据库
5    SecureTrieDB<Address, OverlayDB> m_state;   // 表示状态树,存储账号状态,封装了状态数
                                                 // 据库、MPT 相关操作
6    mutable std::unordered_map<Address, Account> m_cache;   // 表示账号缓存存储地址和账
                                                             // 号的映射
7    u256 m_accountStartNonce;   // 表示账号起始随机值
8    mutable std::vector<Address> m_unchangedCacheEntries;   // 用于追踪和限制缓存大小
9    // 创建账号
10   void createAccount(Address const& _address, Account const&& _account);
11
```

```
12    // 执行交易
13    bool executeTransaction(Executive& _e, Transaction const& _t, OnOpFunc const& _onOp);
14
15 public:
16    // 将账号状态更新至状态树
17    void commit(CommitBehaviour _commitBehaviour);
18
19    // 执行交易
20    std::pair<ExecutionResult, TransactionReceipt > execute(EnvInfo const& _envInfo,
   SealEngineFace const& _sealEngine, Transaction const& _t, Permanence _p = Permanence::
   Committed, OnOpFunc const& _onOp = OnOpFunc());
21    bool executeTransaction (Executive& _e, Transaction const& _t, OnOpFunc const& _
   onOp);
22    // ...
23 };
```

交易执行过程调用 State 类对象的 execute()函数,该函数首先构造一个 Executive 类(执行器类,定义在 libethereum 模块,提供了执行智能合约的标准化流程,将在合约层源码进行介绍)对象。构造 Executive 类对象后,调用 State 类对象的 executeTransaction()函数执行交易,然后,根据指令进行回退或提交,如果回退,则清空变量 m_cache;如果提交,则调用 commit()函数更新账号状态。最后,构造交易回执后结束。该流程涉及以下两个函数。

(1) executeTransaction()函数。

executeTransaction()函数调用 Executive 类对象的标准化流程,触发虚拟机执行。

(2) commit()函数。

commit()函数遍历变量 m_cache,将账号信息进行 RLP 编码并更新至状态数据库缓存。首先是编码过程,如果账号版本不为 0,需要序列化 5 个属性,分别是随机值、余额、数据存储 MPT 树根哈希值、智能合约哈希值及版本;否则,不需要序列化版本。编码过程最重要的一个步骤是数据存储 MPT 树根哈希值的序列化,如果变量 m_storageOverlay 不为空,需要先在变量 m_storageRoot 基础上刷新数据库并获取新的数据存储 MPT 树根哈希值,然后序列化;如果变量 m_storageOverlay 为空,直接使用变量 m_storageRoot 作为数据存储 MPT 树根哈希值进行序列化。然后是更新状态数据库缓存,该流程包含了 MPT 节点插入、合并、删除等操作。操作完成后,区块链全局状态更新。

6.2.2　交易

以太坊交易是 3 级结构。TransactionBase 类是基础交易类,定义在 libethcore 模块;Transaction 类是交易类,继承自 TransactionBase 类,LocalisedTransaction 类是本地化交易类,继承自 Transaction 类,均定义在 libethereum 目录。

TransactionBase 类定义了以太坊交易的基本数据结构,如例 6-3 所示。

【例 6-3】　以太坊基础交易类(C++版本)。

```
1  class TransactionBase
2  {
3   protected:
```

```
4     enum Type                        // 交易类型
5     {
6         NullTransaction,             // 表示空交易
7         ContractCreation,            // 表示合约部署型交易
8         MessageCall                  // 表示消息调用型交易
9     };
10    Type m_type = NullTransaction;   // 表示交易类型
11    u256 m_nonce;                    // 表示随机值，标识发送方的交易数量
12    u256 m_value;                    // 表示支付金额
13    Address m_receiveAddress;        // 表示交易接收方账号地址
14    u256 m_gasPrice;                 // 表示 Gas 价格
15    u256 m_gas;                      // 表示 Gas 限制数量，即可以消耗的最大 Gas 数量
16    bytes m_data;  // 字节码数据，表示消息调用型交易的输入数据或合约部署型交易的初始化代码
17    boost::optional<SignatureStruct> m_vrs;   // 表示交易签名
18    boost::optional<uint64_t> m_chainId;  // 表示区块链 ID，和 EIP155、防重放攻击有关
19    mutable h256 m_hashWith;         // 表示交易哈希值（包含交易签名的哈希值）
20    mutable boost::optional<Address> m_sender;   // 表示交易发送方账号地址
21    // …
22    };
```

Transaction 类没有额外维护其他数据结构，但实现了 RLP 编解码。LocalisedTransaction 类额外维护 3 个属性：交易所在区块高度、哈希值及索引编号，由此可见，该类属于上链后的交易类。

以太坊交易生命周期依赖于以下 3 个模块。

（1）KeyManager 类。

KeyManager 类是钱包类（密钥管理器类），定义在 libethcore 模块，它维护交易创建和签名所必需的密钥信息，如例 6-4 所示。

【例 6-4】 以太坊钱包类（C++版本）。

```
1   class KeyManager
2   {
3   private:
4     std::unordered_map<h128, Address> m_uuidLookup;   // 存储密钥 ID 和账号地址的映射，其
                                                        // 中，密钥 ID 是伴随密钥产生而创建的一个随机数
5     std::unordered_map<Address, h128> m_addrLookup;
       // 存储账号地址和密钥 ID 的映射
6     std::unordered_map<Address, KeyInfo> m_keyInfo;   // 存储账号地址和密钥信息（包含账号
                                                        // 名称、密码哈希值和密码提示）的映射
7     std::unordered_map<h256, std::string> m_passwordHint;
       // 存储密码哈希值和密码提示的映射
8     mutable std::unordered_map<h256, std::string> m_cachedPasswords;
       // 存储密码哈希值和密码的映射
9
10     SecretStore m_store;   // 表示密钥商店，密钥商店用于维护密钥目录下所有加密的密钥。目录
       // 下，一个文件就是一个密钥，以 JSON 格式存储，文件名由密钥 ID 导出，而密钥 ID 是伴随密钥产生
       // 而创建的一个随机数
11
12     mutable boost::filesystem::path m_keysFile;   // 表示钱包文件，存放密钥的加密信息（例
       // 如、版本、地址、密钥 ID、密码哈希值、账号名、密码提示），该文件在创建钱包后生成
```

```
13    mutable SecureFixedHash<16> m_keysFileKey;   // 表示 128 位的钱包文件的密钥,该密钥由
      // 密码和盐值产生,专门用于加解密变量 m_keysFile
14    mutable h256 m_master;   // 表示主密码哈希值,能够生成变量 m_keysFileKey,钱包解锁时需
      // 要使用相应的密码
15    // …
16  };
```

（2）TransactionQueue 类。

TransactionQueue 类为交易内存池类(交易队列类),定义在 libethereum 模块,它能够缓存交易。当钱包创建交易后,交易加入各节点交易内存池,在内存池中等待区块打包。内存池维护多个队列(集合),分别存储未验证交易(从其他节点接收到的交易)、已验证交易(待区块打包的交易)等各种状态的交易,如例 6-5 所示。

【例 6-5】 以太坊交易内存池类(C++版本)。

```
1  class TransactionQueue
2  {
3  private:
4      LruCache<h256, bool> m_dropped;        // 表示已丢弃交易集合
5
6      // 表示已知交易集合
7      // using h256Hash = std::unordered_set<h256>;
8      h256Hash m_known;
9
10     // 表示有序的已验证交易集合
11     using PriorityQueue = std::multiset<VerifiedTransaction, PriorityCompare>;
12     PriorityQueue m_current;
13
14     std::unordered_map<h256, PriorityQueue::iterator> m_currentByHash;
       // 存放交易哈希值和变量 m_current 中交易的引用
15       std::unordered_map < Address, std:: map < u256, PriorityQueue:: iterator > >
     m_currentByAddressAndNonce;   // 表示根据账号地址和随机值分组后的交易集合,同样引用变量
                                   // m_current 中的交易
16       std::unordered_map<Address, std::map<u256, VerifiedTransaction>> m_future; // 表示
     // 未来交易集合,未来交易指随机值相对较大的交易
17       std::deque<UnverifiedTransaction> m_unverified;   // 表示未验证交易集合
18       std::vector<std::thread> m_verifiers;   // 表示用于验证交易的线程池,每个线程调用
                                                // verifierBody() 函数
19       void verifierBody();   // 从变量 m_unverified 中取未验证交易,调用下文的 import() 函数
     // 进行验证,通过的交易将加入相应集合(例如,已验证交易集合)
20
21   public:
22       // 验证交易签名、是否已知或已丢弃,对比相同交易(指发送方账号地址、随机值均相同的交易)的
     // Gas 价格等,通过的交易将作为已验证交易插入变量 m_currentByAddressAndNonce、变量
     // m_current、变量 m_currentByHash 等集合中
23       ImportResult import(bytes const& _tx, IfDropped _ik = IfDropped::Ignore);
24       ImportResult import(Transaction const& _tx, IfDropped _ik = IfDropped::Ignore);
25
26       // 将未验证交易加入集合 m_unverified,一般在节点接收到交易后调用此函数
27       void enqueue(RLP const& _data, h512 const& _nodeId);
28       // 获取已验证交易,一般在交易打包时调用此函数
```

```
29    Transactions topTransactions(unsigned _limit, h256Hash const& _avoid = h256Hash())
  const;
30    // 丢弃交易,一般在交易上链后调用此函数
31    void dropGood(Transaction const& _t);
32    // …
33 };
```

（3）TransactionReceipt 类和 LocalisedTransactionReceipt 类。

TransactionReceipt 类是交易回执类,定义在 libethereum 模块,它是交易上链执行后的产物。TransactionReceipt 类维护交易 Gas 消耗情况、日志、布隆过滤器及状态相关信息,它的子类是 LocalisedTransactionReceipt,额外维护交易哈希值、双方地址（新的智能合约地址）、索引编号及区块高度、哈希值等信息。

以太坊交易、钱包、内存池等模块之间的关系和交易流程如下。

首先,以太坊对外提供 personal_sendTransaction()、eth_sendtransaction() 等接口,方便用户快速发送交易。

发送交易前,通过密码解密钱包,解密后读取密钥;然后,系统调用 Client 类对象（以太坊客户端接口,后文介绍以太坊网络层时,将具体介绍）的 submitTransaction() 函数,该函数首先根据交易基本数据和已获取密钥生成 Transaction 类对象,然后,调用 Client 类对象的 importTransaction() 函数,该函数调用 TransactionQueue 类对象的 import() 函数,将交易缓存。至此,交易被加入内存池,等待区块创建和交易打包。

与此同时,如果节点开启了 P2P 网络,系统检测到新交易后,调用 TransactionQueue 类对象的 topTransactions() 函数,该函数获取内存池交易并广播至其他节点。其他节点接收交易后,调用 TransactionQueue 类对象的 enqueue() 函数。至此,交易被加入其他节点的内存池。

伴随着交易打包执行,系统生成 TransactionReceipt 及相关类对象,用于告诉用户交易状态。

6.2.3 区块

区块主要由区块头、交易集合及叔伯区块集合组成。

BlockHeader 类是区块头类,定义在 libethcore 模块,如例 6-6 所示。

【例 6-6】 以太坊区块头类（C++ 版本）。

```
1  class BlockHeader
2  {
3  private:
4     h256 m_parentHash;          // 表示父区块哈希值
5     h256 m_sha3Uncles;          // 表示叔伯区块集合哈希值
6     h256 m_stateRoot;           // 表示全局状态 MPT 树根哈希值
7     h256 m_transactionsRoot;    // 表示交易 MPT 树根哈希值
8     h256 m_receiptsRoot;        // 表示交易回执 MPT 树根哈希值
9     LogBloom m_logBloom;        // 表示布隆过滤器,对应交易回执的日志条目(日志地址和主题)
10    int64_t m_number = 0;       // 表示区块高度
11    u256 m_gasLimit;            // 表示 Gas 限制数量
12    u256 m_gasUsed;             // 表示 Gas 消耗数量
13    bytes m_extraData;          // 存储额外数据
```

```
14      int64_t m_timestamp = -1;      // 表示时间戳
15
16      Address m_author;              // 表示奖励地址
17      u256 m_difficulty;             // 表示难度值
18
19   std::vector<bytes> m_seal;        // 存储共识相关数据,不同共识引擎(以太坊共识层核心结构,将
     // 在后文介绍)存放的数据不同,例如,Ethash 共识引擎存放随机值、混合哈希值 BasicAuthority 共
     // 识引擎存放区块签名
20
21      // 表示区块哈希值
22      mutable h256 m_hash;           // 包含共识相关数据
23      mutable h256 m_hashWithout;    // 不包含共识相关数据
24
25  public:
26      // 由指定父区块头产生本区块,共识引擎需要调用此函数
27      void populateFromParent(BlockHeader const& parent);
28      // 验证区块头(包括区块高度、Gas、父区块、叔伯区块、交易等),共识引擎需要调用此函数
29      void verify (Strictness _s = CheckEverything, BlockHeader const& _parent =
     BlockHeader(), bytesConstRef _block = bytesConstRef()) const;
30      void verify(Strictness _s, bytesConstRef _block) const;
31      // …
32  };
```

区块生成、验证等都受共识引擎控制,尽管不同引擎采用不同策略,但一般都需要调用
BlockHeader 类对象的 populateFromParent() 和 verify() 等函数。

Block 类是区块类,定义在 libethereum 模块。该类维护区块头、交易集合、叔伯区块集
合等信息,如例 6-7 所示。

【例 6-7】 以太坊区块类(C++版本)。

```
1   class Block
2   {
3   private:
4       State m_state;                     // 表示当前状态,是基于 MPT 的状态树
5       Transactions m_transactions;       // 表示当前状态下的交易集合
6       TransactionReceipts m_receipts;    // 表示交易回执集合
7       h256Hash m_transactionSet;         // 表示交易哈希值
8       State m_precommit;                 // 表示奖励前状态
9
10      BlockHeader m_previousBlock;       // 表示父区块的区块头
11      BlockHeader m_currentBlock;        // 表示当前区块的区块头
12      bytes m_currentBytes;              // 表示完整区块数据,包含区块头、交易集合及叔伯区块集合
13      bool m_committedToSeal = false;    // 表示是否已承诺使用当前区块共识
14
15      bytes m_currentTxs;                // 表示交易集合(经过 RLP 编码)
16      bytes m_currentUncles;             // 表示叔伯区块集合(经过 RLP 编码)
17
18      Address m_author;                  // 表示奖励地址
19  public:
20      // 执行交易,调用变量 m_state 的 execute() 函数
21      ExecutionResult execute (LastBlockHashesFace const& _lh, Transaction const& _t,
     Permanence _p = Permanence::Committed, OnOpFunc const& _onOp = OnOpFunc());
```

```
22      u256 enactOn(VerifiedBlockRef const& _block, BlockChain const& _bc);
23
24      // 写入变量 m_state 的数据库
25      void cleanup();
26      // 重置当前区块,包括清空变量 m_transactions、变量 m_receipts、变量 m_transactionSet、变
    // 量 m_currentBytes,更新变量 m_currentBlock、变量 m_state、变量 m_precommit 等,而变量
    // m_previousBlock 无须重置,因为该信息是根据历史共识结果更新的
27      void resetCurrent(int64_t _timestamp = utcTime());
28
29      // 同步区块链状态,即通过区块链最新区块或指定区块信息更新重置变量 m_previousBlock
30      bool sync(BlockChain const& _bc);
31      bool sync(BlockChain const& _bc, h256 const& _blockHash, BlockHeader const& _bi =
    BlockHeader());
32
33      // 从交易内存池获取交易并执行,执行异常的交易(包括随机值、Gas 不合理等)从交易内存池中移
    // 除,其他交易及回执等数据加入变量 m_transactions、变量 m_receipts 等集合。后续区块创建时,
    // 需要调用 commitToSeal()函数取出集合交易加入变量 m_currentTxs 等集合
34      std::pair<TransactionReceipts, bool> sync(BlockChain const& _bc, TransactionQueue&
    _tq, GasPricer const& _gp, unsigned _msTimeout = 100);
35
36      // 共识前更新当前区块信息(包括变量 m_currentTxs、变量 m_currentUncles、变量
    // m_precommit、变量 m_currentBlock 及各 MPT 树根哈希值等),同时将根据叔伯区块更新共识奖励,
    // 调用此函数后,变量 m_committedToSeal 被置为 true,表示已承诺基于此区块共识
37      void commitToSeal(BlockChain const& _bc, bytes const& _extraData = {});
38
39      // 更新完整区块数据,即更新变量 m_currentBytes、变量 m_currentTxs、变量 m_currentUncles、
    // 变量 m_currentBlock,变量 m_state 被 m_precommit 赋值
40      bool sealBlock(bytes const& _header);
41      bool sealBlock(bytesConstRef _header);
42      // …
43 };
```

节点共识时,调用 Client 类对象的 rejigSealing()函数,该函数先后调用 Block 类对象的 commitToSeal()函数和 sealBlock()函数。前者填充交易集合、叔伯区块集合及状态等数据,得到全局状态。后者将区块头、交易集合及叔伯区块集合数据更新至变量 m_currentBytes,该变量就是需要加入内存池,待上链的完整区块数据。

完成共识后,区块需要加入各节点内存池。BlockQueue 类是区块内存池类(区块队列类),与 TransactionQueue 类具有相似性,核心函数是 import()、verifierBody()和 drain(),分别用于区块加入内存池、后端线程验证区块、内存池获取区块。实际上,通过共识产生的区块就是通过 BlockQueue 类对象的 import()函数加入本节点内存池的。与此同时,如果节点开启了 P2P 网络,区块也能够同步至其他节点的内存池。这些内存池的区块通过 drain()函数取出。

区块上链时,需要先后调用 Block 类对象的 enactOn()函数和 cleanup()函数。enactOn()函数调用 sync()函数更新变量 m_previousBlock 并通过 resetCurrent()函数重置其他数据;最后,循环遍历区块中的交易,调用变量 m_state 的 execute()函数,该函数已在前文介绍 State 类时重点讲解,其通过 Executive 类对象的标准化流程执行交易、更新账号状态。cleanup()函数用于将最终的状态数据持久化存储,持久化后,通过共识引擎调用 BlockHeader 类对象的 populateFromParent()函数填充新的区块头,最终,调用 resetCurrent()

函数重置区块。

6.2.4 区块链

BlockChain 类是区块链类,定义在 libethereum 模块,如例 6-8 所示。

【例 6-8】 以太坊区块链类(C++版本)。

```
1  class BlockChain
2  {
3  private:
4      h256 m_lastBlockHash;                        // 表示最新区块哈希值
5      unsigned m_lastBlockNumber = 0;              // 表示最新区块高度
6
7      ChainParams m_params;                        // 表示链参数(主要包含了创世区块等信息)
8      std::shared_ptr<SealEngineFace> m_sealEngine;   // 表示共识引擎
9      mutable BlockHeader m_genesis;               // 表示创世区块头
10     mutable bytes m_genesisHeaderBytes;          // 表示创世区块
11     mutable h256 m_genesisHash;                  // 表示创世区块哈希值
12
13     // 表示 KV 数据库,存储区块等数据
14     std::unique_ptr<DatabasePaths> m_dbPaths;
15     std::unique_ptr<db::DatabaseFace> m_blocksDB;
16     std::unique_ptr<db::DatabaseFace> m_extrasDB;
17
18 public:
19     // 获取指定区块间的路径
20     std::tuple<h256s, h256, unsigned> treeRoute(h256 const& _from, h256 const& _to, bool
   _common = true, bool _pre = true, bool _post = true) const;
21
22     // 将区块上链,上链过程将执行交易、更新状态及数据库
23     ImportRoute import(bytes const& _block, OverlayDB const& _stateDB, bool _mustBeNew =
   true);
24     ImportRoute import(VerifiedBlockRef const& _block, OverlayDB const& _db, bool _
   mustBeNew = true);
25
26     // 调用 import()函数,将区块内存池区块/指定区块导入
27      std::tuple<ImportRoute, bool, unsigned> sync(BlockQueue& _bq, OverlayDB const&
   _stateDB, unsigned _max);
28      std::tuple<ImportRoute, h256s, unsigned> sync(VerifiedBlocks const& _blocks,
   OverlayDB const& _stateDB);
29
30     // 验证区块,验证过程不仅需要通过共识引擎调用 BlockHeader 类对象的 verify()函数,还需要
   // 验证交易等数据
31     VerifiedBlockRef verifyBlock(bytesConstRef _block, std::function<void(Exception&)>
   const& _onBad, ImportRequirements::value _ir = ImportRequirements::OutOfOrderChecks)
   const;
32
33     // 根据难度值等情况更新最新区块,通过变量 m_blocksDB、变量 m_extrasDB 将区块等数据入库
34     ImportRoute insertBlockAndExtras(VerifiedBlockRef const& _block, bytesConstRef _
   receipts, u256 const& _totalDifficulty, ImportPerformanceLogger& _performanceLogger);
35     // …
36 };
```

区块上链主要是借助 sync() 函数和 import() 函数实现。sync() 函数首先调用 BlockQueue 类对象的 drain() 函数取出区块；然后，调用 import() 函数将区块上链，上链过程中，先后调用 verifyBlock() 函数、Block 类对象的 enactOn() 函数、cleanup() 函数及 insertBlockAndExtras() 函数。

值得一提的是，区块上链过程将对比当前最新区块与新上链区块信息，判断是否重组区块链。

6.3　以太坊网络层源码

网络是以太坊的基础，以太坊节点交互及内部处理流程均依赖于该模块。节点交互及内部处理流程被封装在 WebThreeDirect 类，该类定义在 libwebthree 模块，它维护 Client 类和 Host 类（主机类）的对象信息，是以太坊顶级模块，以太坊 aleth 服务启动时，main() 函数构造该对象，并基于它启动网络、配置 RPC 及共识等信息。

（1）Client 类。

Client 类提供以太坊核心 API 服务，例如，提交交易、共识。以太坊 RPC 就需要绑定 Client 类对象。

（2）Host 类。

Host 类提供网络操作，例如，网络启动、节点添加、消息发送。该类维护一节点信息表，通过改进的 Kademlia 算法实现节点发现，使用协议的是 UDP；还维护节点与连接的映射，节点之间的消息交互就基于这些连接，使用协议的是 TCP。

Host 类是网络模块的核心结构，与其相关的还有以下两类。

（1）CapabilityHost 类。

该类对象与 Host 类对象相互引用，通过 Host 类对象实现底层网络相关操作，例如，调用 sealAndSend() 函数实现消息传输时，实际是通过 Host 类对象传输的。

（2）EthereumCapability 类。

该类对象引用 CapabilityHost 类对象，封装了以太坊交易、区块等消息的传输和处理流程。在交易提交和共识场景下，以太坊网络线程循环将本节点交易内存池中的交易通过 TransactionsPacket(0x02) 消息发送至其他节点，其他节点接收此消息后，将交易加入内存池；同时，循环将本节点最新区块至最近发送过的区块之间的区块哈希值通过 NewBlockHashesPacket(0x01) 消息发送至其他节点，其他节点接收此消息后，将进一步判断是否请求区块头等信息。除了网络线程，Client 类对象维护的线程在确认区块内存池中的区块验证通过后，将区块通过 NewBlockPacket(0x07) 消息发送至其他节点，其他节点接收此消息后，将区块加入内存池。

此外，以太坊还实现了其他场景下（例如，节点初始化、重启后批量同步数据）的交易和区块同步消息和处理逻辑，不再赘述。

6.4　以太坊共识层源码

本节主要介绍共识引擎、共识流程等内容。

6.4.1 共识引擎

共识引擎是区块链共识的基本框架和发动机,为共识关键环节(如进行共识、验证区块和交易、结束共识)提供了基础服务支持。

1. SealEngineFace 类声明的基础接口函数

SealEngineFace 类是共识引擎接口,主要声明了以下 7 个基础接口函数。

(1) verify()函数。

verify()函数提供验证区块头的基本方法:比较区块、父区块基本数据(包括难度值、Gas 限制数量、高度等)是否符合链参数。SealEngineFace 类的子类重写此函数时,也需要调用此函数。

(2) populateFromParent()函数。

populateFromParent()函数提供创建区块的基本方法:根据父区块头填充子区块头,实际上调用了 Block 类对象的 populateFromParent()函数。SealEngineFace 类的子类重写此函数时,也需要调用此函数。

(3) verifyTransaction()函数。

verifyTransaction()函数提供验证交易的基本方法:比较交易(包括交易基本结构和EIP 版本等)是否符合链参数。

(4) shouldSeal()函数。

shouldSeal()函数表示是否启动共识,默认返回 true。

(5) generateSeal()函数。

generateSeal()函数表示进行共识。该函数是虚函数,尚未实现。

(6) onSealGenerated()函数。

onSealGenerated()函数表示设置共识回调函数。该函数是虚函数,尚未实现。

(7) cancelGeneration()函数。

cancelGeneration()函数表示结束共识。该函数是空实现。

2. SealEngineFace 类的具体实现类

SealEngineFace 类的子类是 SealEngineBase,它定义了 std::function < void(bytes const&s)> m_onSealGenerated,是区块创建成功(例如,共识符合难度值要求)时的回调函数;也重写了 onSealGenerated 函数,用于设置变量 m_onSealGenerated。

SealEngineFace 类的具体实现类就是共识引擎,目前主要包括以下 3 种。

(1) NoProof。

NoProof 表示不需要任何证明。

(2) BasicAuthority。

BasicAuthority 指定只有部分账号能够创建区块,这些账号地址存放在引擎的成员变量 m_authorities。每次创建区块时,需要节点进行区块签名,签名所需的密钥信息保存在引擎的成员变量 m_secret 中,签名结果保存在 BlockHeader 类对象的成员变量 m_seal 中。其他节点需要验证签名是否有效(是否是变量 m_authorities 中的账号)。

（3）Ethash。

Ethash 是以太坊主网络默认使用的引擎,基于 PoW 算法,将在后文详细介绍。

3 种引擎实现了 SealEngineFace 类的接口函数,如表 6-2 所示。

表 6-2　以太坊共识引擎对比

接 口 函 数	NoProof	BasicAuthority	Ethash
BlockHeader 类的成员变量 m_seal	存储随机值和混合哈希值	存储区块签名	存储随机值和混合哈希值
构造函数	默认	默认	设置"矿场",为"矿场"设置"矿工"(默认是 CPU 模式)和回调函数(该回调函数在找到随机值后调用,调用时,为区块头设置随机值和混合哈希值,验证通过后,调用 m_onSealGenerated)
populateFromParent() 函数	根据父区块头填充子区块头,重设难度值和 Gas 限制数量	根据父区块头填充子区块头,重设难度值	根据父区块头填充子区块头,重设难度值和 Gas 限制数量
shouldSeal() 函数	true	根据时间戳等信息判断	true
onSealGenerated() 函数	设置变量 m_onSealGenerated	设置变量 m_onSealGenerated	设置变量 m_onSealGenerated
generateSeal() 函数	首先,构造指定区块头;然后,设置随机值和混合哈希值为 0;最后,调用 m_onSealGenerated	首先,构造指定区块头;然后,对区块进行签名;最后,调用 m_onSealGenerated	接收指定区块头,并将其设置为"矿场"工作,启动"矿工"
verify() 函数	验证区块头及难度值	验证区块头及区块签名	验证区块头、难度值及相关哈希值
verifyTransaction() 函数	验证交易	验证交易	验证交易、EIP 等信息
cancelGeneration() 函数	空	空	停止共识

如果开发人员希望实现自己的共识引擎(如 PBFT),需要继承并重写引擎及相关函数。

值得一提的是,这些共识引擎以工厂模式注册在共识引擎注册商——SealEngineRegistrar 类。

6.4.2　共识流程

Client 类对象通过后端线程调用 doWork() 函数,如例 6-9 所示。

【例 6-9】　以太坊 doWork() 函数(C++版本)。

```
1  bool t = true;
2  // 区块内存池验证区块有效时,将变量 m_syncBlockQueue 设置为 true,表示可以调用
   // syncBlockQueue() 函数,该函数将获取已验证区块,进行广播和上链
```

```
3   if (m_syncBlockQueue.compare_exchange_strong(t, false))
4       syncBlockQueue();
5
6   // 交易内存池检测存在同一随机值交易,但后收到的交易 Gas 价格高,此时,需要抛弃先收到的交易,
    // 并重置正在创建的相关区块
7   if (m_needStateReset)
8   {
9       resetState();
10      m_needStateReset = false;
11  }
12
13  t = true;
14  bool isSealed = false;
15  DEV_READ_GUARDED(x_working)
16      isSealed = m_working.isSealed();   // 如果当前正在创建的 Block 类对象已具备完整的区块
    // 数据(区块头、交易集合及叔伯区块集合),则返回 true
17  // 判断是否需要执行交易内存池中的交易,执行结果决定哪些交易被移除、哪些交易被打包,同时,通
    // 知向其他节点广播新交易
18  if (!isSealed && !isMajorSyncing() && !m_remoteWorking && m_syncTransactionQueue.
    compare_exchange_strong(t, false))
19      syncTransactionQueue();
20
21  tick();
22
23  // 创建区块
24  rejigSealing();
25
26  callQueuedFunctions();
27
28  DEV_READ_GUARDED(x_working)
29      isSealed = m_working.isSealed();
30
31  if (!m_syncBlockQueue && !m_syncTransactionQueue && (_doWait || isSealed) && isWorking())
32  {
33      std::unique_lock<std::mutex> l(x_signalled);
34      m_signalled.wait_for(l, chrono::seconds(1));
35  }
```

其中,rejigSealing()函数是共识核心函数,如例 6-10 所示。

【例 6-10】 以太坊 rejigSealing()函数(C++版本)。

```
1   if ((wouldSeal() || remoteActive()) && !isMajorSyncing())   // 其中,当共识开关启动且配置
    // 奖励地址时,wouldSeal()函数返回 true
2   {
3       if (sealEngine()->shouldSeal(this))   // 通过具体共识引擎判断是否继续创建区块,Ethash
    // 共识引擎总是返回 true
4       {
5           m_wouldButShouldnot = false;
6           LOG(m_loggerDetail) << "Rejigging seal engine...";
7           DEV_WRITE_GUARDED(x_working)
8           {
9               if (m_working.isSealed())   // 如果当前正在创建的 Block 类对象已具备完整的区块
    // 数据(区块头、交易集合及叔伯区块集合),则返回 true
```

```
10              {
11                  LOG(m_logger) << "Tried to seal sealed block...";
12                  return;
13              }
14              LOG(m_loggerDetail) << "Starting to seal block #" << m_working.info().number();
15              m_working.commitToSeal(bc(), m_extraData);    // 封装当前正在创建的 Block 类对
                                                                // 象(包括区块头、交易集合及叔伯区块集合等)
16          }
17          DEV_READ_GUARDED(x_working)
18          {
19              DEV_WRITE_GUARDED(x_postSeal)
20                  m_postSeal = m_working;
21              m_sealingInfo = m_working.info();
22          }
23
24          if (wouldSeal())
25          {
26              // 设置创建区块成功的回调函数,Ethash 共识引擎是启动共识(而如果是 NoProof 和
            // BasicAuthority 共识引擎,则在下文调用 generateSeal()函数时,直接触发此回调函数)
27              sealEngine()->onSealGenerated([=](bytes const& _header) {
28                  LOG(m_logger) << "Block sealed #" << BlockHeader(_header, HeaderData).
            number();
29                  if (this->submitSealed(_header))    // 为当前正在创建的 Block 类对象生成完整
            // 的区块数据(即将区块头、交易集合及叔伯区块集合序列化),并将该数据加入区块内存池
30                      m_onBlockSealed(_header);
31                  else
32                      LOG(m_logger) << "Submitting block failed...";
33              });
34              ctrace << "Generating seal on " << m_sealingInfo.hash(WithoutSeal) << " #" <<
            m_sealingInfo.number();
35              sealEngine()->generateSeal(m_sealingInfo);    // Ethash 共识引擎启动了共识(其
            // 他共识引擎触发上文回调函数)
36          }
37      }
38      else
39          m_wouldButShouldnot = true;
40  }
41  if (!m_wouldSeal)
42      sealEngine()->cancelGeneration();
```

其中,generateSeal()函数对于 Ethash 共识引擎来说只是共识比拼算力的开始,而 NoProof
和 BasicAuthority 共识引擎相当于实时完成共识。

对于 Ethash 共识引擎,后台将创建一个额外线程,用于调用 minerBody()函数,如例 6-11
所示。

【例 6-11】 以太坊 minerBody()函数(C++版本)。

```
1  auto tid = std::this_thread::get_id();
2  static std::mt19937_64 s_eng((utcTime() + std::hash<decltype(tid)>()(tid)));
3
4  // 计算初始随机值
5  uint64_t tryNonce = s_eng();
6
```

```
7   WorkPackage w = work();
8
9   // 获取 DAG 数据集
10  int epoch = ethash::find_epoch_number(toEthash(w.seedHash));
11  auto& ethashContext = ethash::get_global_epoch_context_full(epoch);
12
13  // 获取难度值
14  h256 boundary = w.boundary;
15  // 循环修改随机值,基于 DAG 数据集寻找符合难度值要求的结果
16  for (unsigned hashCount = 1; !m_shouldStop; tryNonce++, hashCount++)
17  {
18      auto result = ethash::hash(ethashContext, toEthash(w.headerHash()), tryNonce);
19      h256 value = h256(result.final_hash.bytes, h256::ConstructFromPointer);
20      if (value <= boundary && submitProof(EthashProofOfWork::Solution {(h64)(u64)
    tryNonce, h256(result.mix_hash.bytes, h256::ConstructFromPointer)}))   // 其中
    // submitProof()函数将调用"矿场"的 submitProof()函数,该函数将调用共识引擎的回调函数,触
    // 发区块加入区块内存池的操作
21          break;
22      if (!(hashCount % 100))
23          accumulateHashes(100);
24  }
```

如果符合难度值要求,则 submitProof()函数最终调用 Ethash 共识引擎在构造函数中配置的回调函数,该函数为当前区块头设置随机值和混合哈希值,并在完成相关哈希值验证后调用共识引擎在 onSealGenerated()函数中配置的回调函数封装完整区块数据并将其加入区块内存池。

接着,内存池中的区块被广播、验证,最终,通过 BlockChain 类对象的 import()函数实现上链。import()函数验证区块、执行交易并计算累计难度值后,调用 insertBlockAndExtras()函数,该函数根据难度值更新区块链数据库。

6.5 以太坊合约层源码

1. 3 种类型的虚拟机

VMFace 类是虚拟机接口,前期以太坊源码包含 3 种类型的虚拟机,均实现了该接口。
(1) VM 类。
解释器(Interpreter),是以太坊默认的虚拟机。
(2) JitVM 类。
Jit 虚拟机,引入了 evmjit 库,属于更复杂的虚拟机。
(3) SmartVM 类。
Smart 虚拟机,即前两种虚拟机的结合,可以根据实际情况进行选择。
经过演进,以太坊衍生出 3 种类型的虚拟机:默认的 LegacyVM、解释器 EVMC、针对 DDL 的 EVMC。
这些虚拟机对象通过 VMFactory 类(虚拟机工厂类)创建。

2. 执行流程

虚拟机的执行依赖于一个外部执行器,如前文所述,交易执行过程需要调用 State 类对

象的 execute() 函数,该函数首先构造一个 Executive 类对象,它就是这个执行器。执行器维护共识引擎、虚拟机运行状态、账号状态、交易、Gas、日志等信息,为以太坊交易提供以下两个标准化执行流程。

(1) 交易执行流程。

适用于执行整笔交易的场景,如图 6-1 所示。

该流程中首先构造 Executive 类对象,初始化共识引擎等内容。然后,调用 initialize() 函数进行初始化,该函数主要检查交易(包括 EIP 版本和签名、余额与 Gas、随机值等)是否有效,检查后,计算需要花费的 Gas(即 Gas 数量和价格的乘积)。接着,调用 execute() 函数,该函数首先从交易发送方余额中扣除上文的 Gas,然后根据交易类型(消息调用型或合约部署型)调用 call() 函数或 create() 函数。前者进行随机值累加,并根据智能合约地址进行虚拟机初始化及以太币支付等操作;后者根据交易发送方地址和其账号随机值生成一个新的智能合约地址,并依次进行以太币支付、随机值累加、虚拟机初始化等操作。完成后,调用 go() 函数触发虚拟机执行,执行过程中如果出现异常将进行回退。最后,调用 finalize() 函数退还未花费 Gas、获取日志及其他处理结果。

(2) 调用/创建执行流程。

适用于执行单次调用/创建指令的场景,如图 6-2 所示。

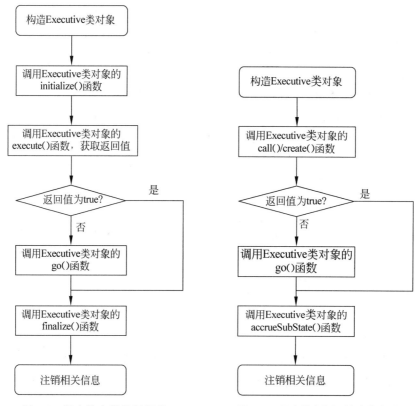

图 6-1　以太坊交易执行流程　　图 6-2　以太坊调用/创建执行流程

该流程构造 Executive 类对象并主动调用 call() 函数或 create() 函数进行消息调用或合约部署。然后,调用 go() 函数触发虚拟机执行。最后,调用 accrueSubState() 函数将当前状态累计至父状态。

调用 call()和 create()函数时,需要创建一个 ExtVM 类对象,它是以太坊虚拟机的外部接口,能够访问到全局状态。调用 go()函数时,通过工厂类获取一个具体的虚拟机并调用它的 exec()函数。例如,exec()函数调用 LegacyVM 虚拟机的 initEntry()函数将 Gas 消耗与指令的映射进行初始化,然后,通过 interpretCase()函数实现 switch-case 指令解析。例如,针对 CALL 指令的解析,如例 6-12 所示。

【例 6-12】 以太坊指令解析(C++版本)。

```
1  ON_OP();
2  if (m_OP == Instruction::DELEGATECALL && !m_schedule->haveDelegateCall)
3    throwBadInstruction();
4  if (m_OP == Instruction::STATICCALL && !m_schedule->haveStaticCall)
5    throwBadInstruction();
6  if (m_OP == Instruction::CALL && m_ext->staticCall && m_SP[2] != 0)
7    throwDisallowedStateChange();
8  m_bounce = &LegacyVM::caseCall;
```

第7章

以太坊源码解析(Go版本)

本章介绍的是 Go 版本源码,首先介绍以太坊源码结构,然后自数据层逐层向上解析以太坊源码。

7.1 以太坊源码结构

以太坊 Go 版本基于 LGPL 3.0 和 GPL 3.0 协议,源码根目录划分了不同的模块,如表 7-1 所示。

表 7-1 以太坊源码核心目录结构(Go 版本)

模　　块	介　　绍
accounts	账号模块,包括钱包等内容
common	通用工具模块,提供 ABI 封装、字节进制、大数运算等能力
consensus	共识引擎模块,支持不同共识引擎
contracts	智能合约模块
core	核心模块,包括账号、状态、交易、交易回执、区块、状态数据库等
crypto	加密模块,包括哈希函数、加解密等
eth	以太坊全节点模块,包括以太坊网络协议等
ethclient	以太坊客户端接口模块,包括 RPC 接口等
ethdb	以太坊数据库模块
ethstats	以太坊状态模块,包括网络状态等
event	事件模块,处理实时事件、订阅消息等
graphql	图检索模块
les	以太坊轻节点模块
log	日志模块
miner	共识节点模块,用于创建区块等
node	节点模块
p2p	P2P 模块
params	参数模块
rlp	RLP 模块
rpc	RPC 模块
signer	签名模块
trie	MPT 树模块

7.2 以太坊数据层源码

本节主要介绍以太坊账号和状态、交易、区块、区块链等数据结构及核心函数,它们是以太坊交易创建和打包、区块生成和上链处理的底层能力支撑,在以太坊整个业务流程中发挥了关键作用。

7.2.1 账号和状态

StateAccount 结构是账号结构,定义在 core 模块。如前文所述,账号主要包括随机值、余额、数据存储、智能合约等属性,如例 7-1 所示。

【例 7-1】 以太坊账号结构(Go 版本)。

```
1  type StateAccount struct {
2    Nonce uint64              // 表示随机值
3    Balance *big.Int          // 表示余额
4    Root common.Hash          // 表示数据存储 MPT 树根哈希值
5    CodeHash []byte            // 表示智能合约哈希值
6  }
```

以太坊各账号信息汇聚形成区块链全局状态。stateObject 结构是状态对象结构,同样定义在 core 模块,如例 7-2 所示。

【例 7-2】 以太坊状态结构(Go 版本)。

```
1  type stateObject struct {
2    address common.Address        // 表示账号地址
3    addrHash common.Hash          // 表示账号地址哈希值
4    data types.StateAccount       // 表示账号
5    db *StateDB                   // 表示状态数据库
6    dbErr error    // 虚拟机不处理 DB 层错误,先记录下来,后续状态数据库 Commit() 函数执行时返回
7
8    trie Trie                     // 表示数据存储树,第一次访问时设置
9    code Code                     // 表示智能合约二进制字节码,代码加载时设置
10
11    originStorage Storage         // 表示最原始的数据存储,被每笔交易重置
12   pendingStorage Storage         // 表示需要刷新至磁盘的数据存储,在整个区块的末尾
13   dirtyStorage Storage           // 表示被修改的数据存储,在交易执行时修改
14   // …
15  }
```

该结构代表被修改的以太坊账号,它在系统中使用的模式是:首先,实例化该结构;然后,通过该结构进行读取或修改操作;最后,将被修改的数据存储至数据库。

7.2.2 交易

TxData 接口是交易接口,定义在 core 模块,如例 7-3 所示。

【例 7-3】 以太坊交易结构(Go 版本)。

```
1  type TxData interface {
2      txType() byte               // 表示交易类型
```

```
3         copy() TxData              // 复制交易(深复制)
4
5         chainID() *big.Int         // 表示区块链 ID
6         accessList() AccessList    // 表示访问列表,包括账号地址和数据存储的键,下文将具体介绍
7         data() []byte              // 是字节码数据,表示输入数据,即消息调用型交易的输入数据或
                                     // 合约部署型交易的初始化代码
8         gas() uint64               // 表示 Gas 限制数量
9         gasPrice() *big.Int        // 表示 Gas 价格
10
11        // EIP1559 细分了 Gas 价格
12        gasFeeCap() *big.Int       // 表示 Gas 最高优先级价格,通过设置手续费的方式提高交易处理
                                     // 优先级
13        gasTipCap() *big.Int       // 表示 Gas 最高价格,以太坊将 Gas 最高花费与实际花费(包括基
                                     // 础花费、优先级花费)之间的差额归还交易发送方
14
15        value() *big.Int           // 表示支付金额
16        nonce() uint64             // 表示随机值,标识发送方的交易数量
17        to() *common.Address       // 表示交易接收方账号地址
18
19        rawSignatureValues() (v, r, s *big.Int)        // 获取交易签名
20        setSignatureValues(chainID, v, r, s *big.Int)  // 设置交易签名
21        // …
22 }
```

1. 交易类型

Go 版本包含 3 种类型的交易。

(1) LegacyTx。

LegacyTx 表示遗留交易类型,即常规的交易,标识为 0。它维护随机值、Gas 价格、Gas 限制数量、接收方账号地址、支付金额、输入数据及签名信息。

(2) AccessListTxType。

AccessListTxType 表示访问列表交易类型,标识为 1。该交易产生的背景是为了缓解 DoS 攻击等问题,EIP2929 提高了状态访问指令(包括 CALL、BALANCE、SLOAD 等)的 Gas 消耗,为缓解 EIP2929 带来的 Gas 增幅问题,减少对已有智能合约的破坏,以太坊又引入了 EIP2930,让交易能够指定需要访问的状态。通过指定访问列表(账号地址、数据存储的键)的方式,以太坊能够更加容易地执行交易,减少 Gas 消耗。该交易维护区块链 ID、随机值、Gas 价格、Gas 限制数量、接收方账号地址、支付金额、输入数据、访问列表及签名信息。

(3) DynamicFeeTx。

DynamicFeeTx 表示动态计费交易类型,标识为 2。该交易的 Gas 价格是动态的,它维护区块链 ID、随机值、Gas 最高价格、Gas 最高优先级价格、Gas 限制数量、接收方账号地址、支付金额、输入数据、访问列表及签名信息。

2. 以太坊交易生命周期依赖的模块

以太坊通过 Transaction 结构维护 TxData 接口对象、时间戳信息,并缓存交易哈希值、交易大小、发送方信息,避免计算耗时。

以太坊交易生命周期依赖于以下 3 个模块。

（1）Wallet 接口。

Wallet 接口即钱包接口，定义在 accounts 模块。该接口包含交易签名等内容，例如，keystoreWallet 结构是密钥管理器结构，就是一种钱包；钱包维护账号密钥信息，用于交易签名；同时，钱包维护密码信息，用于加解密密钥，保障密钥安全。

（2）TxPool 结构。

TxPool 结构即交易内存池结构，定义在 core 模块。该结构保存在本地节点提交的交易或从以太坊网络接收到的交易；交易内存池将交易分为可执行交易和不可执行交易（未来交易），底层维护不同的队列存储它们；交易加入内存池后，需要验证其 EIP 版本、交易大小、Gas、签名、随机值等信息，并判断加入哪个队列；同时，如果一笔交易已经在队列之中，再次接收后，若检测其 Gas 价格更高，则队列交易将被替换；针对本地或网络交易，交易内存池提供了 AddLocal()函数、AddRemotes()函数，用于将来自不同节点的交易加入内存池，它们均调用 addTxs()函数实现交易缓存。

（3）Receipt 结构。

Receipt 结构即交易回执结构，定义在 core 模块。该结构保存交易上链执行后的结果，包括交易哈希值、Gas、日志、区块高度及哈希值等信息，通过交易回执能够查询交易上链状态，通过对比区块链最新区块高度与回执中的区块高度，能够进一步确定交易上链后的不可逆情况。

3. 以太坊交易、钱包、内存池等模块之间的关系和交易流程

以太坊交易、钱包、内存池等模块之间的关系和交易流程如下。

以太坊对外提供 personal_sendTransaction()、eth_sendTransaction()等接口，方便用户快速发送交易。这些接口实际是通过 SendTransaction()函数实现交易发送的。

发送交易前，需要使用密码解锁钱包，否则将失败。SendTransaction()函数首先锁定发送方账号随机值并通过 defer 关键词设置解锁；然后，先后调用 signTransaction()函数和 SubmitTransaction()函数签名并提交交易。两个函数解释如下。

（1）signTransaction()函数。

signTransaction()函数用于创建交易并签名。首先，根据参数获取发送方账号并构建交易结构；然后，调用钱包的 SignTxWithPassphrase()函数用密码解密密钥并对交易签名。

（2）SubmitTransaction()函数。

SubmitTransaction()函数用于将交易提交至内存池。首先，检查交易 Gas、EIP 版本；然后，调用 Backend 接口的 SendTx()函数。其中，Backend 接口包括全节点和轻节点两种实现方式，均需要调用交易内存池提供的函数，例如，全节点情况下，SendTx()函数调用交易内存池的 AddLocal()函数将交易加入内存池。

交易打包执行的同时，系统生成回执，用于通知用户交易状态。

7.2.3　区块

区块主要由区块头、交易集合及叔伯区块集合组成。

Header 结构是区块头结构，定义在 core 模块，如例 7-4 所示。

【例 7-4】 以太坊区块头结构（Go 版本）。

```
1   type Header struct {
2       ParentHash common.Hash `json:"parentHash" gencodec:"required"`
        // 表示父区块哈希值
3       UncleHash common.Hash `json:"sha3Uncles" gencodec:"required"`
        // 表示叔伯区块集合哈希值
4       Coinbase common.Address `json:"miner"`     // 表示奖励地址
5       Root common.Hash `json:"stateRoot" gencodec:"required"`
        // 表示全局状态 MPT 树根哈希值
6       TxHash common.Hash `json:"transactionsRoot" gencodec:"required"`
        // 表示交易 MPT 树根哈希值
7       ReceiptHash common.Hash `json:"receiptsRoot" gencodec:"required"`
        // 表示交易回执 MPT 树根哈希值
8       Bloom Bloom `json:"logsBloom" gencodec:"required"`
        // 表示布隆过滤器对应交易回执的日志条目(日志地址和主题)
9       Difficulty *big.Int `json:"difficulty" gencodec:"required"`    // 表示难度值
10      Number *big.Int `json:"number"                                 // 表示区块高度
    gencodec:"required"`
11      GasLimit uint64 `json:"gasLimit" gencodec:"required"`         // 表示 Gas 限制数量
12      GasUsed uint64 `json:"gasUsed" gencodec:"required"`           // 表示 Gas 消耗数量
13      Time uint64 `json:"timestamp" gencodec:"required"`           // 表示时间戳
14      Extra []byte `json:"extraData" gencodec:"required"`         // 存储额外数据
15
16      // 证明当前区块执行了足够的数学运算量
17      MixDigest common.Hash `json:"mixHash"`                       // 表示混合哈希值
18      Nonce BlockNonce `json:"nonce"`                              // 表示随机值
19
20      BaseFee *big.Int `json:"baseFeePerGas" rlp:"optional"`   // 表示 Gas 基础价格,即发
    // 送交易或完成处理所需的最低 Gas 价格,产自 EIP1559,LegacyTx 交易无须关注此信息
21      // …
22  }
```

Block 结构是区块结构,同样定义在 core 模块。它维护区块头、交易集合、叔伯区块集合等信息,如例 7-5 所示。

【例 7-5】 以太坊区块结构（Go 版本）。

```
1   type Block struct {
2       header *Header              // 表示区块头
3       uncles []*Header            // 表示叔伯区块集合
4       transactions Transactions   // 表示交易集合
5
6       // 缓存关键字段,避免计算耗时
7       hash atomic.Value           // 区块哈希值
8       size atomic.Value           // 区块大小
9
10      td *big.Int                 // 表示截至当前区块的累计难度值
11
12      // 跟踪区块传播区块
13      ReceivedAt time.Time        // 表示从以太坊网络接收区块的时间
14      ReceivedFrom interface{}    // 表示发送区块的源节点
```

```
15    // …
16 }
```

7.2.4 区块链

BlockChain 结构是区块链结构,定义在 core 模块,如例 7-6 所示。

【例 7-6】 以太坊区块链结构(Go 版本)。

```
1  type BlockChain struct {
2     // 表示链和网络配置
3     chainConfig *params.ChainConfig
4     cacheConfig *CacheConfig
5
6     db ethdb.Database          // 表示本地数据库
7     snaps *snapshot.Tree       // 表示访问 MPT 叶子节点的快照树
8     triegc *prque.Prque        // 用于区块垃圾回收的优先级队列
9
10       txLookupLimit uint64     // 表示交易最大索引范围(维护交易索引的最近区块数),0 表示无
    // 限制(为创世区块以来所有交易设置索引),N 表示[最新区块高度-N+1, 最新区块高度]范围内(其
    // 他范围索引将被删除),空表示不使用,但仍然索引新的区块
11
12    hc *HeaderChain            // 表示区块头链,主要包含最新区块头、累加难度值、区块哈希值及
    // 高度等映射信息
13
14    genesisBlock *types.Block  // 表示创世区块
15
16    // 表示最新区块信息
17    currentBlock atomic.Value
18    currentFastBlock atomic.Value
19    currentFinalizedBlock atomic.Value
20
21    stateCache state.Database  // 表示状态数据库
22    bodyCache *lru.Cache       // 缓存最新区块体
23    bodyRLPCache *lru.Cache    // 缓存 RLP 编码格式的最新区块体
24    receiptsCache *lru.Cache   // 缓存最新区块内的回执信息
25    blockCache *lru.Cache      // 缓存最新区块的完整数据
26    txLookupCache *lru.Cache   // 缓存最新交易数据
27    futureBlocks *lru.Cache    // 缓存未来区块
28
29    engine consensus.Engine    // 表示共识引擎
30    validator Validator        // 用于区块和状态验证
31    prefetcher Prefetcher      // 预缓存交易签名和状态
32    processor Processor        // 用于交易执行
33    forker *ForkChoice         // 表示分叉选择器,例如,以太坊 1.0 的最高难度值和以太坊 2.0
    // 的外部分叉选择,不仅兼容 1.0 和 2.0,且适用于所有的 PoW 网络
34    vmConfig vm.Config         // 表示虚拟机配置
35    // …
36 }
```

区块链提供 InsertChain()函数实现区块上链,该函数调用 WriteBlockAndSetHead()
函数将区块和相关状态信息存入数据库,存入状态数据时需要借助底层状态结构对象。值

得一提的是,若新写入区块的父区块哈希值不等于当前最新区块哈希值,则需要进行区块链重组。

7.3 以太坊网络层源码

1. 两类结构

以太坊节点交互、数据传输及内部处理流程依赖于以太坊网络模块。在这里,重点介绍两类结构。

（1）Node 结构。

Node 结构即节点结构,定义在 node 模块。它是以太坊顶级模块,是外部通信的接口。它维护底层 P2P 服务及上层 RPC、HTTP、WebSocket、IPC 等服务,同时,维护节点运行所需要的后端服务。其中,P2P 相关模块基于改进的 Kademlia 算法实现节点发现,使用的协议是 UDP；而节点消息交互等逻辑使用的协议是 TCP。

（2）Ethereum 相关结构。

Ethereum 相关结构包括 Ethereum 结构和 LightEthereum 结构。首先是 Ethereum,它是以太坊全节点结构,定义在 eth 模块,它封装了各种业务功能（包括区块链、共识等）,内部维护以太坊客户端接口、处理器、P2P 服务器、数据库、交易内存池及区块链等相关信息。其中,以太坊客户端接口提供通用的 API 服务,轻节点同样可以使用；处理器维护用于节点间同步或请求交易、区块的处理器对象,在交易提交和共识场景下,通过 minedBroadcastLoop（）函数、txBroadcastLoop（）函数循环判断是否有新的内存池交易或共识产生的区块需要通过 TransactionsMsg（0x02）、NewBlockMsg（0x07）等消息发送至其他节点,其他节点接收后,相关处理器调用交易内存池的 AddRemotes（）函数、区块链的 InsertChain（）函数,将数据加入交易内存池或上链,该过程会同步验证数据有效性；当然,以太坊还实现了其他场景下（例如,节点初始化、重启后批量同步数据）的交易和区块同步消息和处理逻辑。最后是 LightEthereum 结构,它是以太坊轻节点结构,定义在 les 模块,它维护以太坊客户端接口等信息,不再赘述。

2. 调用的函数

以太坊 geth 服务启动时,调用 geth（）函数,该函数调用 makeFullNode（）函数和 StartNode（）函数完成节点服务注册和启动。

（1）makeFullNode（）函数。

makeFullNode（）函数将启动命令的上下文加载至配置,生成两个对象：一个是 Node 结构对象,以太坊节点启动、关闭等操作均是以它为基础；另一个是 Ethereum 结构或 LightEthereum 结构对象的以太坊客户端接口。完成构造后,客户端接口被注册至 Node 结构对象。

（2）StartNode（）函数。

StartNode（）函数启动 Node 结构对象（包括上文 P2P 及各种服务）。

调用 makeFullNode（）函数和 StartNode（）函数后,Node 类对象的后台线程进入了监听状态,节点操作基于协程方式进行。

7.4 以太坊共识层源码

本节主要介绍共识引擎、共识流程等内容。

7.4.1 共识引擎

共识引擎是区块链共识的基本框架和驱动程序,Go 版本实现的共识引擎主要包含以下两类。

(1) Clique。

Clique 授权一定数量的节点,由它们相互合作打包区块,其他节点无权限打包。该共识引擎维护一个 Snapshot 结构,保存当前所有有效节点的账号地址等信息,只有其维护的节点能够打包区块,这个信息是动态变化的,例如,当节点账号地址的累计投票数超过阈值(例如,一半)时,节点就会更新。该引擎将区块头部分数据存储进行调整,例如,普通区块使用变量 Coinbase 存储被投票节点地址,使用变量 Nonce 存储投票类型(包括授权或取消授权),使用变量 Extra 存储节点对区块头的签名等数据;checkpoint 区块(一种特殊的区块,一定周期产生一个,该区块不存储投票信息,存储目前有效的节点信息)主要使用变量 Extra 存储有效节点地址及对区块头的签名等数据,不使用变量 Coinbase 和变量 Nonce 存储任何数据。

(2) Ethash。

Ethash 为以太坊主网络默认使用的引擎,实现了 PoW 算法,将在后文详细介绍。

共识引擎提供 Prepare()函数、Finalize()函数、Seal()函数及相关验证函数,支撑以太坊节点创建区块。

下面以 Ethash 共识引擎为例,重点介绍以下 3 个函数。

(1) Prepare()函数。

Prepare()函数通过调用 CalcDifficulty()函数实现难度值动态调整。

(2) FinalizeAndAssemble()函数。

FinalizeAndAssemble()函数计算共识奖励(包括叔伯区块奖励),根据交易执行后的状态更新区块头的全局状态 MPT 树根哈希值。该函数被 FinalizeAndAssemble()函数调用,FinalizeAndAssemble()函数在 Finalize()函数基础上返回一个区块。

(3) Seal()函数。

Seal()函数启动线程进行共识,下文将具体介绍。

7.4.2 共识流程

以太坊利用 Dagger 算法生成伪随机数据集和 DAG 数据集,基于区块数据、随机值及 DAG 数据集,利用 Hashimoto 算法生成一个结果,通过与难度值比较,确认是否成功创建区块。

以太坊共识节点启动后,设置 startCh 信号并启动共识,这时,会通过另外一个信号 newWorkCh 正式触发共识。触发后,调用 commitWork()函数,该函数先后调用以下 3 个函数实现区块打包。

（1）prepareWork()函数。

prepareWork()函数初始化区块头等信息,过程中会调用共识引擎的 Prepare()函数计算难度值并添加叔伯区块。

（2）fillTransactions()函数。

fillTransactions()函数从交易内存池完成交易打包,打包过程优先筛选本地节点交易,然后筛选来自其他节点交易,筛选过程将执行并验证交易有效性。

（3）commit()函数。

commit()函数调用共识引擎的 FinalizeAndAssemble()函数更新区块信息;更新后,通过 taskCh 信号触发共识引擎的 Seal()函数,该函数创建线程执行 mine()函数循环计算哈希值,通过与难度值比较,确定区块创建是否成功,如例 7-7 所示。

【例 7-7】 以太坊共识流程(Go 版本)。

```
1  var (
2      // 初始化区块头、难度值目标等信息
3      header = block.Header()
4      hash = ethash.SealHash(header).Bytes()
5      target = new(big.Int).Div(two256, header.Difficulty)
6      number = header.Number.Uint64()
7      dataset = ethash.dataset(number, false)
8  )
9  // 产生新的随机值,利用它和区块头(不包括随机值和混合哈希值)哈希值计算结果,判断结果是否符
   // 合目标值
10 var (
11     attempts = int64(0)
12     nonce = seed
13     powBuffer = new(big.Int)
14 )
15 logger := ethash.config.Log.New("miner", id)
16 logger.Trace("Started ethash search for new nonces", "seed", seed)
17 search:
18 for {
19     select {
20     case <-abort:
21         logger.Trace("Ethash nonce search aborted", "attempts", nonce-seed)
22         ethash.hashrate.Mark(attempts)
23         break search
24
25     default:
26         // 一定周期更新一次哈希率
27         attempts++
28         if (attempts % (1 << 15)) == 0 {
29             ethash.hashrate.Mark(attempts)
30             attempts = 0
31         }
32         // 计算 PoW 结果
33         digest, result := hashimotoFull(dataset.dataset, hash, nonce)  // 全节点调用该
    // 函数,使用的是 DAG 数据集,轻节点调用 hashimotoLight()函数,使用的是伪随机数据集
34         if powBuffer.SetBytes(result).Cmp(target) <= 0 {
   // 如果结果小于或等于目标值,则表示成功
```

```
35        header = types.CopyHeader(header)
36        // 填充随机值和混合哈希值
37        header.Nonce = types.EncodeNonce(nonce)
38        header.MixDigest = common.BytesToHash(digest)
39
40        select {
41        case found <- block.WithSeal(header):   // 替换区块头,返回新的区块
42            logger.Trace("Ethash nonce found and reported", "attempts", nonce-seed,
"nonce", nonce)
43        case <-abort:
44            logger.Trace("Ethash nonce found but discarded", "attempts", nonce-seed,
"nonce", nonce)
45        }
46        break search
47      }
48    // 如果不成功,则更新随机值
49    nonce++
50    }
51 }
52 runtime.KeepAlive(dataset)
```

创建成功后,以太坊通过 resultCh 信号触发新的流程。该流程首先更新交易回执(包括日志、区块高度及哈希值等);然后,调用 Blockchain 结构对象的 WriteBlockAndSetHead()函数实现区块入库;写入后,通过以太坊网络模块广播区块,其他节点接收后验证难度值等信息后完成上链。

7.5 以太坊合约层源码

以太坊虚拟机的核心是 EVM,EVM 依赖虚拟机配置、解释器(Interpreter)及状态数据库。其中,虚拟机配置提供 JumpTable,维护智能合约指令执行的具体函数,并能够计算 Gas 使用数量;解释器用于解释并执行智能合约,实际是通过 JumpTable 实现的;状态数据库用于读写账号数据。

以太坊交易执行过程调用 ApplyTransaction()函数将交易转换为消息对象,通过 EVM 处理消息,最终将相关数据(例如,支付金额、智能合约数据)更新至状态数据库,如例 7-8 所示。

【例 7-8】 以太坊交易执行流程(Go 版本)。

```
1  // 将交易转换为消息
2  msg, err := tx.AsMessage(types.MakeSigner(config, header.Number), header.BaseFee)
3  if err != nil {
4    return nil, err
5  }
6  // 创建区块链上下文.通过上下文能够访问当前区块链数据
7  blockContext := NewEVMBlockContext(header, bc, author)
8  // 创建虚拟机(实际上是一个解释器)
9  vmenv := vm.NewEVM(blockContext, vm.TxContext{}, statedb, config, cfg)
10 // 创建虚拟机上下文环境,指定交易转换后的消息对象
11 txContext := NewEVMTxContext(msg)
```

```
12 evm.Reset(txContext, statedb)
13
14 // 将交易应用于当前状态,判断创建或调用智能合约,同时,调用 Create() 函数或 Call() 函数,并调
   // 整状态对象对应的账号随机值、余额等信息
15 result, err := ApplyMessage(evm, msg, gp)
16 if err != nil {
17     return nil, err
18 }
19
20 // 更新状态
21 var root []byte
22 if config.IsByzantium(blockNumber) {
23     statedb.Finalise(true)
24 } else {
25     root = statedb.IntermediateRoot(config.IsEIP158(blockNumber)).Bytes()
26 }
27 // 计算 Gas 消耗
28 *usedGas += result.UsedGas
29
30 // 创建并返回交易回执
31 receipt := &types.Receipt{Type: tx.Type(), PostState: root, CumulativeGasUsed:
   *usedGas}
32 if result.Failed() {
33     receipt.Status = types.ReceiptStatusFailed
34 } else {
35     receipt.Status = types.ReceiptStatusSuccessful
36 }
37 receipt.TxHash = tx.Hash()
38 receipt.GasUsed = result.UsedGas
39 if msg.To() == nil {   // 如果是合约部署型交易,则设置新的智能合约地址
40     receipt.ContractAddress = crypto.CreateAddress(evm.TxContext.Origin, tx.Nonce())
41 }
42 receipt.Logs = statedb.GetLogs(tx.Hash(), blockHash)
43 receipt.Bloom = types.CreateBloom(types.Receipts{receipt})
44 receipt.BlockHash = blockHash
45 receipt.BlockNumber = blockNumber
46 receipt.TransactionIndex = uint(statedb.TxIndex())
```

其中,创建或调用智能合约时,由虚拟机解释器的 JumpTable 完成具体指令的解释执行。JumpTable 维护指令和 operation 映射,解释器负责逐条解析指令,具体执行由 operation 触发。例如,以太坊定义了针对 DELEGATECALL 指令的 operation,如例 7-9 所示。

【例 7-9】 以太坊 operation 定义(Go 版本)。

```
1 &operation{
2     execute: opDelegateCall,
3     dynamicGas: gasDelegateCall,
4     constantGas: params.CallGasFrontier,
5     minStack: minStack(6, 1),
6     maxStack: maxStack(6, 1),
7     memorySize: memoryDelegateCall,
8 }
```

当 DELEGATECALL 指令执行时,调用 opDelegateCall()函数,如例 7-10 所示。

【例 7-10】 以太坊 opDelegateCall()函数(Go 版本)。

```
1   stack := scope.Stack
2   // 获取 Gas 数量
3   temp := stack.pop()
4   gas := interpreter.evm.callGasTemp
5   // 获取其他参数
6   addr, inOffset, inSize, retOffset, retSize := stack.pop(), stack.pop(), stack.pop(),
    stack.pop(), stack.pop()
7   toAddr := common.Address(addr.Bytes20())
8
9   args := scope.Memory.GetPtr(int64(inOffset.Uint64()), int64(inSize.Uint64()))
10  // 给定指定参数,调用智能合约
11  ret, returnGas, err := interpreter.evm.DelegateCall(scope.Contract, toAddr, args, gas)
12  if err != nil {
13      temp.Clear()
14  } else {
15      temp.SetOne()
16  }
17  stack.push(&temp)
18  if err == nil || err == ErrExecutionReverted {
19      ret = common.CopyBytes(ret)
20      scope.Memory.Set(retOffset.Uint64(), retSize.Uint64(), ret)
21  }
22  scope.Contract.Gas += returnGas
23
24  interpreter.returnData = ret
25  return ret, nil
```

第8章

区块链企业级操作系统——EOS

EOS(Enterprise Operation System,企业级操作系统)主网络正式发布于2018年,旨在为企业提供一种分布式区块链技术协议,提高传统区块链系统的性能和拓展性。EOS有两层含义:一是指EOSIO区块链系统,由Block.one发布,是开源的区块链平台,具备高性能、可拓展等特性,能够让开发者基于该平台快速构建DApp;二是指平台上的数字货币(通证),是价值的载体,能够标识用户的各种权益。为了称呼统一和便于识别,笔者将弱化EOS与EOSIO的差别,统一使用EOS这一称呼。

本章将以EOS基本概念和业务流程为引,按照区块链技术协议从数据层逐层向上介绍EOS技术;然后,介绍EOS版本演进;最后,重点讲解EOS系统搭建和合约开发。

8.1 EOS基本概念

EOS是由Block.one公司发布的新一代区块链系统,最初由Daniel Larimer开发。自比特币、以太坊发布后,Daniel Larimer就投身于区块链开发与推广工作。考虑这些传统区块链系统的性能瓶颈、市场波动及Gas制约等因素,Daniel Larimer牵头落地了多个区块链项目,其中就包括EOS。2017—2018年,经过一年的货币众筹,由数十个区块链共识节点(超级节点,仅允许这些节点创建区块)组成的区块链主网上线;其后,凭借着其高性能、可拓展等特性,EOS受到越来越多的个人和企业关注,被广泛应用于各行各业。可以认为,EOS就是区块链3.0时代的代表。

EOS的出现,打破了传统区块链系统的两个限制:一是交易和智能合约收费的限制;二是系统性能瓶颈等限制。

EOS将区块链底层技术、应用管理功能和上层业务逻辑分离,就像操作系统一样,提供的是基础存算能力和系统管理功能,支撑的是上层个性化应用。这种分离解耦的做法极大程度地简化了应用构造的复杂度,实现了业务交互的高效性。

EOS牺牲了区块链完全去中心化和完全公有的特性,适用于许可链场景,适合于各行业下区块链联盟生态的构建,有利于呈现个人或企业跨多方协作、数据融合融通的价值。

8.2 EOS业务流程

在EOS中,无论是数字货币或DApp业务数据,均通过智能合约承载,智能合约的生命周期贯穿EOS整个业务流程。

EOS DApp 的构建主要包括以下 3 个步骤。

（1）区块链环境搭建。

构建非正式环境和正式环境的区块链集群。其中,非正式环境主要用于开发调测,该环境不仅包括区块链环境,还包括智能合约开发环境。

（2）智能合约设计与开发。

需要充分考虑智能合约、业务系统及它们之间的关系。智能合约设计内容主要包括需要上链数据(核心数据)的存储结构和读写方法,业务系统设计则包括整体数据流、业务流程等内容,业务系统在关键步骤(子业务流程)调用 BaaS 层统一接口服务,与区块链智能合约交互。

（3）智能合约测试与上线。

上线前,在非正式环境完成智能合约编译、部署,使用命令行(更适合于自测)或接口(更适合于系统调测)方式与区块链智能合约交互,验证智能合约与接口功能,部署和交互流程即 EOS 交易构造和上链流程,部署需要指定交易发送方账号(名称和权限)、智能合约账号(名称)、智能合约编译结果等数据,交互需要将智能合约编译结果调整为智能合约参数等内容。上线与测试过程类似,需要在正式环境完成智能合约部署,后续,业务系统通过 BaaS 层统一接口服务与智能合约交互。

8.3　EOS 数据层技术

EOS 业务流程离不开数据层等技术协议,各层之间相互协作,完成整个流程,下面将从数据层开始,逐个介绍。

8.3.1　账号和权限

账号是 EOS 最核心的数据结构之一:一方面,数字货币和 DApp 业务数据均通过智能合约承载,智能合约就存储在账号中;另一方面,账号能够通过创建交易的方式与智能合约进行交互。账号涉及以下 6 个概念。

（1）公/私钥。

EOS 账号体系基于 ECC 算法构建而成,ECC 私钥决定账号归属权,私钥能够生成公钥。私钥用于交易签名,而公钥用于验证签名的有效性。账号创建后,私钥保存在钱包中,通过密码保护,账号涉及的智能合约等数据保存在区块链上,这些账号信息决定区块链状态,如图 8-1所示。

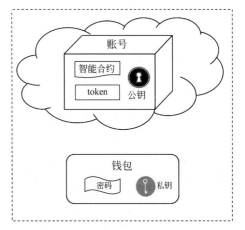

（2）名称。

每个账号具备唯一的名称(标识)。在以太坊中,账号的标识是一个由公钥生成的地址,这个地址是一串长长的无规律字符串,例如,0x79ce7a86fa101668a2e562e1d730ccac7dee1a70,不便于记忆或识别;而在 EOS 中,这个标识是一个较短的自定义字符串,例如,eosio(EOS 的

图 8-1　EOS 账号体系

创世账号),便于记忆和识别。

(3) 映射。

EOS 实现了权限分离,允许用户创建不同的自定义权限,并使用不同的权限执行不同的智能合约函数。EOS 智能合约成员函数被称为 action()函数,EOS 维护 action()函数和权限的映射关系,如果一个权限与 action()函数不存在映射关系,则不允许使用该权限调用这个函数。

(4) 权限。

EOS 为账号赋予权限的特性,每个权限可以关联相同或不同的账号(公钥),当一个权限分配至一个账号时,只需要一个签名即可,而如果是多个账号,就需要使用多重签名。此外,EOS账号权限是分级管理的,高层级权限能够代替执行低层级权限。EOS 账号创建时,默认具备 owner 权限和 active 权限,前者表示拥有者权限,是账号的最高权限,相当于超管或 root 权限,可以执行该账号的所有权限,同时,也能够修改、恢复其他权限;后者表示活动权限,一般用于支付、智能合约调用、投票等场景。为了细粒度管理智能合约调用关系,开发人员可以自定义权限,例如,为 active 权限创建多个子权限,如图 8-2 所示。其中,owner 权限具备所有权限,active 权限包含 permissiona 权限、permissionaa 权限及

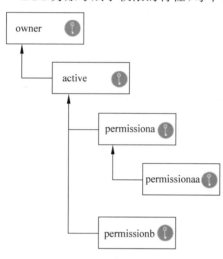

图 8-2　EOS 多级权限机制

permissionb 权限,permissiona 权限包含 permissionaa 权限,但 permissionb 权限不包含 permissionaa 权限,例如,将 funcaa()函数与 permissionaa 权限做映射,则 permissiona 和 permissionaa 均能够调用 funcaa()函数,而 permissionb 则不能。

(5) 函数。

如上文所述,action()函数是和权限绑定的,为了使某个权限(此处的权限主要指自定义权限,因为 owner 权限、active 权限默认能够调用智能合约)能够调用 action()函数,允许创建与权限的映射关系。为了方便起见,权限映射需要能够支持分组,例如,func1 是一个分组,包含了 func11()函数、func12()函数及 func13()函数,如果 func1 与 permissionaa 权限存在映射关系,则 permissionaa 权限能够调用 func11()函数、func12()函数及 func13()函数。

(6) 阈值和权重。

权限具备一个阈值,而权限绑定的账号(或公钥)具备一定的权重,只有权重(之和)达到了权限要求的阈值,才能够行使该权限。默认情况下,这个阈值和权重都为 1,表示一个密钥就能行使对应的权限。也可以分配一组用户共同维护一个权限,防止单一用户被攻破后,权限被轻易使用,例如,一个支付操作的权限阈值是 4,将这个权限绑定至 a、b、c 这 3 个用户的账号,权重分别设置为 1、2、3,只有 a 和 c 用户联合授权,或 b 和 c 用户联合授权,或 3 人联合授权,才能进行支付操作,这种联合授权的方式也即多重签名。

8.3.2　交易和资源

交易是一种签名的数据包,是部署或调用智能合约的载体。交易的创建依赖于钱包,因为钱包保存了交易签名所需的私钥;交易创建后,被发送至 EOS 网络,缓存在 EOS 节点,等待区块打包上链,如图 8-3 所示。

1. 交易的属性

交易主要包含以下 6 个属性。

(1) 交易哈希值。

交易哈希值唯一标识一笔交易。

(2) 引用区块。

引用区块确保该交易只在一个区块链分支(引用区块所在的分支)有效。通过引用先前区块,确保只有先前区块上链时,此交易所在区块才能上链。例如,a 用户、b 用户交换电子资产,b 用户需要确认 a 用户交易上链成功(处于不可逆状态)后,他的交易才生效,则可以将 b 用户交易引用 a 用户交易所在区块,当该区块未上链成功,EOS 不会将 b 用户交易上链,确保 b 不会因引用区块上链失败而造成损失。

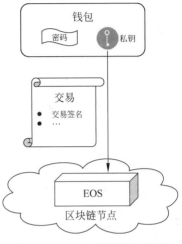

图 8-3　EOS 交易创建和广播

(3) 过期时间。

过期时间通常和引用区块一起用于 TaPoS(Transaction as Proof of Stake,权益证明交易),确保一笔交易在引用区块之后和交易过期日期之前能够上链执行。

(4) 延时时间。

延时时间设置后,交易不会被立即执行。允许在设置的时间到达之前,取消该交易。

(5) action() 函数集合。

action() 函数集合也可以称为消息(Message,早期概念)集合,与智能合约 action() 函数对应。顾名思义,它指定了需要调用的智能合约函数信息,包含智能合约账号名称、action() 函数名称、参数列表、交易发送方账号(调用方账号/授权账号)及权限等内容。

(6) 签名集合。

签名集合表示私钥(可能包含多个)对交易签名后的结果。

不同于以太坊,EOS 不使用 Gas 和手续费限制交易执行,而是通过资源控制手段。EOS 系统合约中,有一类智能合约专门维护数字货币(通证),系统可以定义并发行自己的数字货币。如果用户需要在区块链上进行操作,例如,支付数字货币、存储业务数据,则需要使用自己的数字货币进行买入或抵押,以获取相应的资源;不需要时,也能够卖出或赎回。从这个角度讲,EOS 交易可认为是免费的。

2. 交易维护的资源

EOS 主要维护以下两种类型的资源。

(1) 内存。

内存即 RAM 资源。内存资源用于存储数据,无论是支付、共识投票等操作,可能都涉及数据存储,每次数据更新将刷新相应的内存消耗。如果用户存储状态数据的数据量增多,则需要买入内存资源;如果不再需要这么多数据存储,也允许卖出。买卖价格一般与市场有关。

(2)带宽。

带宽包括 CPU 和网络,交易需要使用这类资源。单位时间交易频率越高,消耗资源越多,但消耗的资源会随着时间流逝而自动释放。这类资源不通过买卖获取,而是通过数字货币抵押的方式兑换,如果不需要使用,也可以赎回,赎回期是 3 天。

除此之外,交易还和另一个结构息息相关,那就是交易回执。交易被打包至区块时,生成交易回执,交易回执记录了已打包交易、交易状态、CPU 和网络带宽的使用量等信息。

8.3.3　区块和链式结构

区块是承载交易的数据结构,也是组成区块链式结构的核心要素。EOS 区块除了维护父区块哈希值、区块高度、时间戳、区块签名、交易默克尔树根哈希值等基础属性外,还维护以下 5 个属性。

(1)当前生产者节点。

当前生产者节点标识当前区块是哪节点创建的。

(2)新的生产者节点。

新的生产者节点包括调度版本和新的生产者节点信息。首先,解释一下调度的含义。调度维护不同周期内的生产者节点信息,由于 EOS 区块由生产者节点创建并共识,生产者节点信息可以通过区块交易变更,每次变更,产生一个递增的调度版本。基于此,当生产者节点变更后,将产生新的生产者节点信息,该信息包含一个对应的调度版本和生产者节点(账号名称和公钥)集合,并按序存放。EOS 验证调度版本是否不可逆,只有不可逆时,新的生产者节点才能参与共识。

(3)区块确认数量。

由于 EOS 区块的创建和验证(确认)是并行的,节点创建当前区块就表示对该区块前一定范围的区块都做了确认,这个范围所包含的区块个数即区块确认数量。

(4)action()函数集合的默克尔树根哈希值。

action()函数集合的默克尔树根哈希值表示由交易 action()函数集合基于默克尔树形成的树根哈希值。

(5)交易回执队列。

交易回执队列表示交易打包执行后的集合信息。

区块之间通过哈希值串联,子区块引用父区块哈希值,形成区块链条。不同于比特币和以太坊,EOS 第一个区块(创世区块)的高度为 1,但区块高度也随着区块上链依次累加。

受到网络等因素影响,区块链可能分叉,这种情况下,EOS 以最长分支作为有效分支(主链)。此外,EOS 维护一个不可逆区块高度,标识该区块及祖辈区块均在一个分支,不会存在分叉情况,而不可逆高度之后的子孙区块仍可能分叉,业务数据上链时可参考该高度。

8.4　EOS 网络层技术

一般来说,EOS 通过配置文件维护 P2P 节点信息,节点之间通过 TCP 建立连接,连接过程基于"握手"消息同步节点配置、链状态等数据,节点对比区块链长短等情况并批量完成区块同步。后续新的交易或区块产生后,同样基于消息实现数据同步。

按照区块数据同步情况,EOS 节点分为全节点和轻节点;按照共识参与度,EOS 节点分为生产者节点和非生产者节点。在这里,重点介绍后两类节点。

(1)生产者节点。

生产者节点包括候选生产者节点和实际生产者节点,前者已经注册成为生产者,但没有获取足够数量的投票,暂时无法参与共识;后者即共识节点(超级节点),已经得到一定数量的投票,能够参与共识,这类节点通过共识算法完成区块创建和确认。这类节点需要在 EOS 配置文件中指定生产者节点的账号信息(包含名称、密钥等)。

(2)非生产者节点。

非生产者节点表示没有注册成为生产者的节点,不参与 EOS 共识,但它们参与区块等数据的同步。这类节点一般不需要配置账号信息。

8.5　EOS 共识层技术

EOS 从最初的 DPoS 算法,演进至 BFT-DPoS 算法,大幅提高了系统吞吐量。本节将揭秘该算法。

8.5.1　DPoS 演进

早期 EOS 采用 DPoS 共识算法。该算法选择一定数量的节点(一般是 21 个)作为超级节点,节点按照一定顺序创建区块,每个区块创建的时间间隔是 3 秒,全网维护最长的一个分支作为有效分支。该共识流程需要数十秒时间确认区块上链成功(处于不可逆状态),系统吞吐量较低。

为了提高 EOS 性能,Daniel Larimer 将 DPoS 算法进行演进,创造出了 BFT-DPoS 算法。该算法主要分两个步骤。

(1)共识准入。

节点注册成为生产者,由抵押了数字货币的节点进行投票;投票结果靠前的节点(一般是前 21 个)具备共识准入条件。

(2)共识流程。

具备共识准入条件的生产者节点轮流创建区块,每个区块创建的时间间隔缩短至 0.5 秒,创建后,节点将区块广播至 EOS 网络,各节点将区块上链;其他节点创建区块的同时,确认一定范围的历史区块有效,当两阶段各 2/3 数量节点确认后,区块处于不可逆状态。

8.5.2　共识准入

共识准入的流程指的是一个非生产者节点从注册到能够参与共识的流程,如图 8-4 所示。

该准入流程需要两类节点参与:一类是非生产者节点,这类节点的最终目的是成为实际生产者(超级节点);另一类是投票节点,它的投票将影响生产者节点是否能够参与共识,只要持有一定数量的数字货币,EOS 网络中的任何节点都可以成为投票节点。该流程涉及

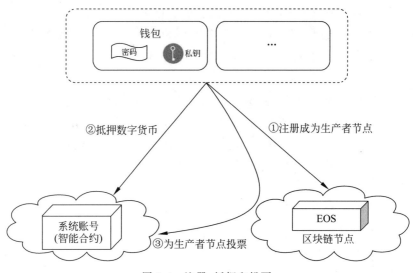

图 8-4　注册、抵押和投票

的节点操作主要包括以下 3 个。

（1）注册。

如果非生产者节点希望参与共识，第一步就是注册成为生产者，当然，这里的生产者还只是候选，暂时无法参与共识。成为候选生产者后，就能够被投票。由于 EOS 通过系统合约维护共识节点信息，当节点注册成为生产者后，EOS 系统合约将更新相关数据；同理，下文的流程同样基于系统合约实现。

（2）抵押。

当一节点成为候选生产者后，期待被投票。什么样的节点才具备投票资格？如前文所述，EOS 有一类合约专门维护数字货币，用户能够抵押数字货币，获取带宽资源（CPU 和网络），抵押后，该节点账号具备投票资格，可以使用这部分资源进行投票，但被抵押的那部分数字货币则不能用于支付。

（3）投票。

节点可以为生产者节点账号（允许多个）投票，投票结果靠前的节点（一般是前 21 个节点）具备共识准入条件。这些投票结果将在一定周期后生效，届时，新的生产者节点便能够参与区块链共识工作。如果节点需要取消投票，可以选择赎回抵押的数字货币。除此之外，EOS 投票机制还有几个特性：一是 EOS 引入了投票权重和衰减的概念，节点的投票权重将随时间衰减，直到进行一次新的投票，权重将恢复，节点可以定时刷新投票，保证自己的投票权重不会衰减；二是针对投票节点不甚了解生产者节点的情况（尤其在 EOS 公有网络），节点难以直接投票，这时可以采用代理投票的方式，将本节点投票权给代理节点，代理节点集中其他节点的投票权，代替它们进行投票。

8.5.3　共识流程

EOS 共识流程是多周期和多轮次的，每个周期的生产者节点信息和区块创建顺序是确定的（一般按照账号名称排序），每个周期划分多个轮次，按序指定节点创建区块，每节点创建一轮区块后，切换下一节点创建新一轮区块。当生产者节点信息变更（例如，经过投票，新的生产者节点具备准入条件)时,产生新的周期。

当新的周期的生产者节点确认后,EOS开启多轮共识流程,EOS约定生产者节点按序轮流创建区块,每一轮,节点连续创建12个区块,每个区块创建的时间间隔为0.5秒,当前轮次完成后,按序由后一节点接着创建,如图8-5所示。

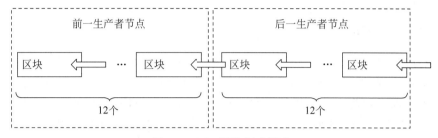

图8-5 EOS区块创建顺序

区块创建过程中,节点将交易打包至区块,并对区块签名。完成后,节点将区块广播至其他生产者节点确认,确认这一环节发生在其他节点创建区块的过程,相当于该节点创建区块的同时,也确认了一定范围的历史区块。具体来说,验证过程需要两阶段段各2/3数量节点确认,每当轮到新的生产者节点创建区块时,判断一定范围的历史区块满足两阶段确认条件后,全网认可这些区块不可逆,这样做的效率是非常高的,因为新区块的创建不需要阻塞等待父区块确认,父区块的确认是在其他节点创建子孙区块的过程中发生的,整个流程是并行的。

区块创建过程中,即使当前生产者节点宕机,后一节点也将快速替代它,几乎不会影响整体效率。

为什么EOS不能只调整0.5秒的区块创建时间,还需要每节点按序连续创建区块?

因为只调整0.5秒的话,区块链容易出现分叉。如果后一生产者节点在0.5秒内尚未收到前一生产者节点创建的区块,此次新创建的区块将不再引用该区块,容易造成区块链分叉。为了避免这个问题,EOS约定一节点连续创建12个区块后,才能切换至其他节点,这样,在网络较差的情况下,也能够确保大部分区块被后一节点接收。除此之外,EOS甚至根据每节点所在物理位置,确定节点先后顺序,确保先后节点在位置上是相近的,这样,当一节点创建区块后,后一节点能够更快地接收该区块,并基于它创建新的区块。

通过这种方式,EOS交易能够实现秒级上链,且处于不可逆状态。即使因为网络等原因出现区块链分叉,EOS也将以最长的一个分支为有效分支,并保证已经被2/3数量节点验证的区块是不可逆的,在此之前的区块不再分叉。如果存在个别节点恶意分叉,一方面,它难以与全网0.5秒产生的最长分支竞争;另一方面,投票节点能够投票撤回它参与共识的权利。

提到分叉,不得不再次提及EOS交易的一个特性:引用区块。引用区块相当于明确了交易位于哪个分支,能够防止交易在其他分支重放,防止节点伪造一个分支并迁移交易。

EOS主网支持每年增发数字货币,为生产者等节点(包括创建区块或获得投票的节点)颁发奖励。

基于以上内容不难发现,相比比特币、以太坊的PoW算法,BFT-DPoS具备高效、稳定的特点,但中心化程度较高,适合于许可链场景。

8.6 EOS 合约层技术

从区块链 2.0 时代开始,智能合约赋能已初见成效,过渡到 3.0 时代,智能合约又有怎样的发展? 将在本节揭秘。

8.6.1 WASM

智能合约由代码(功能)和数据(状态)组成,存储在区块链上。智能合约一般由高级编程语言编码实现,编译后在虚拟机执行,在共识机制约束下确保各网络节点执行流程与结果一致。以太坊使用的编程语言和虚拟机是 Solidity 和 EVM,该组合曾出现安全漏洞;而 EOS 采用了一种更加主流的、成熟和安全的编程语言和虚拟机,它们是 C++ 和 WebAssembly(WASM)。

(1) C++。

EOS 为这种传统的面向对象语言赋予新的特性,支持将 C++ 源码编译为 WASM 文件,在虚拟机执行。

(2) WASM。

EOS 智能合约标准 WASM 是一种较新的字节码格式。它的诞生是因为 JavaScript 存在性能瓶颈和一些其他问题。WASM 支持编译或解释执行:一是能够将 C++、Java 等语言编译为机器码,运行时,机器码直接在 CPU 执行,这种方式的特点是执行效率高、移植性较差;二是能够直接以源码形式,在解释器解释执行,这种方式的特点与编译方式相反。由于 WASM 虚拟机在性能、资源使用等方面存在瓶颈,EOS 升级了 WASM 运行时能力,在 2.0 版本使用了优化后的虚拟机,即 EOS VM,该虚拟机具备 EOS VM Interpreter(解释器)、EOS VM JIT(Just In Time Compiler,即时编译器)和 EOS VM OC(Optimized Compiler,优化编译器)3 种运行时能力。值得一提的是,在以太坊演进计划中,也已经考虑引入 WASM 相关能力。

C++ 智能合约生命周期与业务流程息息相关,如图 8-6 所示。

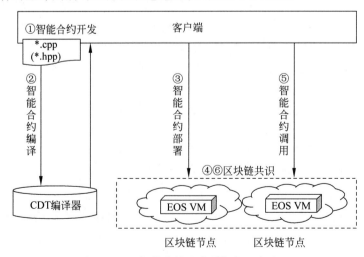

图 8-6 C++ 智能合约生命周期与业务流程

该流程主要包括以下 6 点。

（1）智能合约开发。

使用 C++语言开发智能合约代码，一般来说，头文件为 ∗.hpp，实现文件为 ∗.cpp，∗.cpp 需要包含 ∗.hpp。如果业务和代码比较简单，可以只编写 ∗.cpp。

（2）智能合约编译。

将 ∗.hpp 和 ∗.cpp 源码文件通过 CDT（Contract Development Toolkit，智能合约开发工具包）编译，生成二进制字节码文件和 ABI 文件。

（3）智能合约部署。

构造交易发送至 EOS 网络。部署时，需要指定二进制字节码、ABI 及智能合约账号名称等内容。

（4）区块链共识 1。

节点在共识算法约束下完成交易和智能合约上链，智能合约通过账号名称标识，相比于以太坊账号地址的标识方式，账号名称更便于记忆和使用。

（5）智能合约调用。

再次构造交易，指定智能合约账号名称及调用参数等内容，将交易发送至 EOS 网络。

（6）区块链共识 2。

由共识算法驱动，交易完成上链，虚拟机执行代码，更新区块链数据。

8.6.2　系统合约

系统合约提供区块链系统级管理功能，为 EOS 数据层到共识层提供了基础能力支撑。系统合约需要在区块链节点搭建过程（业务智能合约部署前）部署，一般部署在 eosio 账号及相关子账号（包括 eosio.token、eosio.msig 等）。

EOS 系统合约主要包括以下 6 类。

（1）eosio.boot。

eosio.boot 用于激活 EOS 新特性。

（2）eosio.bios。

eosio.bios 相当于操作系统开机 BIOS，允许用户进行区块链底层配置，它是运行其他智能合约的基础。该智能合约提供了区块链参数设置、账号资源限制、账号特权设置、生产者节点设置等功能。

（3）eosio.system。

eosio.system 提供了账号注册、权限设置、生产者注册、资源买卖和抵押（赎回）、投票和代理、节点奖励等功能。该智能合约一般和上文的 eosio.bios 等合约部署在 eosio 账号，部署后，原有合约功能将失效或被替代。

（4）eosio.token。

eosio.token 用于用户自定义数字货币（通证），数字货币由数值和符号组成，例如，108.00 EOS、613.0 SYS。该智能合约提供了数字货币的创建、发行、支付、查询等功能。

（5）eosio.msig。

eosio.msig 用于多重签名，即多个用户账号对一笔交易进行签名。

（6）eosio. wrap。

eosio. wrap 可以让生产者节点调用，代替另一账号执行交易。

8.7 EOS 版本演进

如前文所述，EOS 曾做过共识算法和虚拟机优化，其中，虚拟机优化就发生在 EOS 最大的一次版本更新，即 2020 年初发布的 2.0 版本，该版本优化内容还包括以下 3 点。

（1）安全性。

一是引入 WTMsig（Weighted-Threshold-Multi-Signature，加权阈值多重签名），允许生产者节点定义一个阈值和一组加权密钥，多节点使用密钥签名，确保达到阈值要求，这种方式能够防止单节点故障、密钥丢失等问题；二是引入 WebAuthn，这是一种更通用的身份验证标准，能够在没有浏览器拓展插件或其他软件情况下，在浏览器使用硬件签名设备。

（2）网络多线程。

通过在网络模块添加多线程支持，提高交易、区块等数据的交互效率。

（3）Web IDE。

Web IDE 帮助用户快速通过 Web 页面进行开发和测试运行。

尽管该版本优化内容不是一次性发布的，有些经过了较长的测试和发布过程，但这些内容对于读者了解 EOS 演进方向和新特性还是很有帮助的。

8.8 EOS 系统搭建

尽管 EOSIO 网络包括 EOS、BOSCore 等公有网络（分支），但为了让读者更加了解 EOS 组网细节，方便读者应用于自己的业务场景，本节将重点讲解如何本地化部署 EOS 联盟链环境。

8.8.1 单节点搭建

EOS 的安装方式主要包括二进制安装包安装（通过 CentOS RPM、Ubuntu APT、MacOS BREW 等方式安装）、源码安装（通过 cmke 和 make 命令编译安装），部署运行方式可以基于裸机或容器（通过 Docker、Docker Compose 或 K8S）。下面列出了 3 种不同的安装方式，建议读者优先使用第 3 种方式。注意：本节所用网址详见前言二维码。

1. 二进制安装包安装

首先，选择 Linux 操作系统，在这里，笔者使用的是 CentOS 7.6。然后，从 GitHub 官方网络下载 EOS 安装包，笔者下载的安装包名称是 eosio-2.1.0-1. el8. x86_64. rpm。最后，通过命令行安装，如例 8-1 所示。

【例 8-1】 EOS 安装方式——安装包安装。

```
1  sudo yum install ./eosio-2.1.0-1.el8.x86_64.rpm
```

完成后，读者可以使用以下 3 个工具命令。

（1）nodeos。

nodeos 为 EOS 节点主程序（EOS 服务端），用于启动节点。

（2）cleos。

cleos 为 EOS 节点交互程序（EOS 客户端），用于请求 EOS 节点。

（3）keosd。

keosd 为密钥管理程序（钱包），与上述程序交互，默认和节点部署在一起。建议在正式环境中，将钱包和 EOS 服务端节点独立部署，提高密钥安全性。

2. 源码安装

除了安装包安装外，也可以选择源码编译方式。

首先，从 GitHub 官方网站克隆 EOS 源码至 eos 目录，命令最后的 ∗∗∗ 表示 GitHub 官方网站网址，如例 8-2 所示。

【例 8-2】 EOS 安装方式—源码下载。

```
1  git clone --recursive * * *
```

上述命令同时克隆了 EOS 子模块，若需要更新子模块，可以在已克隆的 eos 目录下执行更新命令，如例 8-3 所示。

【例 8-3】 EOS 安装方式——依赖更新。

```
1  cd eos
2  git submodule update --init --recursive
```

然后，运行编译和安装脚本，如例 8-4 所示。

【例 8-4】 EOS 安装方式——脚本安装。

```
1  cd eos
2  git checkout v2.1.0
3  sudo ./scripts/eosio_build.sh
4  sudo ./scripts/eosio_install.sh
```

3. 镜像构建

若直接在主机上通过上述两种方式安装，则属于裸机部署运行方式，这种方式不够轻量级和灵活，因此，笔者给出了第 3 种方式，基于 Docker 基础操作系统镜像，使用二进制安装包进行安装，生成 EOS 系统镜像。

首先，从 GitHub 官方网站克隆 EOS 源码至 eos 目录。然后，从 GitHub 官方网站下载操作系统。最后，通过命令行构建 eos 镜像，如例 8-5 所示。

【例 8-5】 EOS 镜像构建。

```
1  docker build . -t eosio/eos:v2.1.0
```

其中，eosio/eos:v2.1.0 参数是通过 eos/docker/dockerfile 文件构建的 EOS 镜像，eosio 参数是项目名称，eos 参数是镜像名称，v2.1.0 参数是镜像版本。

细心的读者可能会发现，网址下载的是 Ubuntu 二进制安装包。阅读 eos/docker 目录下的 dockerfile 文件就会发现，EOS 构造镜像时指定的基础操作系统是 Ubuntu 18.04。在这里，读者不要混淆，现在底层裸机环境使用的仍然是 CentOS 操作系统，Docker 基于该环境运行,运行的上层系统是 Ubuntu,而 EOS 就运行在 Ubuntu 中。

4. 节点配置

笔者采用的是本地化部署方式,完成安装后,需要配置本地节点信息才能启动节点。

首先,创建数据目录和配置文件,如例 8-6 所示。

【例 8-6】 EOS 目录创建。

```
1  sudo mkdir -p /data/eos
2  sudo chown -R lijianfeng /data/eos
3  sudo mkdir -p /etc/eos
4  sudo chown -R lijianfeng /etc/eos
```

然后,创建密钥。

如果是非容器方式,则直接执行命令,如例 8-7 所示。

【例 8-7】 EOS 密钥创建方式一。

```
1  cd /etc/eos
2  cleos create key --file ./keys0
```

其中,--file 参数指定密钥保存在哪个文件,由于这里配置的是创世节点,因此文件名用 0 作为后缀区分,集群中其他节点可用 1、2 等。

生成的密钥文件包括私钥和公钥两部分,如图 8-7 所示。

```
Private key: 5Jenat2DvBv7WVwdSTmLBvRSkXsAVuTySoj7nDPtadTGFxWhWJM
Public key: EOS8RgmzwbWLRbb4qMNz9boeidiPM7a79UfPcdMP7mJwTFPkHUuFd
```

图 8-7 EOS 账号密钥

建议在这个环节,根据节点数量规划,多生成几对密钥,一对用于 eosio 账号,多对用于其他账号(包括委托投票账号、其他共识节点账号等),在后续智能合约开发过程中,也可以按需生成新的智能合约账号。

如果是容器方式,则在 Docker 环境下执行命令,如例 8-8 所示。

【例 8-8】 EOS 密钥创建方式二。

```
1  docker run -itd --name nodeos-util -v /etc/eos:/etc/eos eosio/eos:v2.1.0 bash
2  cd /etc/eos
3  cleos create key --file ./keys0
```

其中,--name 参数指定容器名称;-v 参数指定目录挂载路径,挂载后,在容器/etc/eos 目录下生成的密钥文件将同步至主机/etc/eos 目录下;eosio/eos:v2.1.0 参数源于上文生成的 EOS 镜像。

创建密钥后,新增创世配置文件,如例 8-9 所示。

【例 8-9】 EOS 创世配置文件创建。

```
1  vim /etc/eos/genesis.json
```

调整创世配置信息,如例 8-10 所示。

【例 8-10】 调整 EOS 创世配置信息。

```
1  {
2  # 指定创世时间,建议调整
3  "initial_timestamp": "2022-03-14T00:00:00",
4  # 指定创世账号公钥,即 eosio 账号公钥,建议调整
5  "initial_key": "EOS8RgmzwbWLRbb4qMNz9boeidiPM7a79UfPcdMP7mJwTFPkHUuFd",
6  "initial_configuration": {
7  "max_block_net_usage": 2097152,
8  "target_block_net_usage_pct": 1000,
9  "max_transaction_net_usage": 1048576,
10 "base_per_transaction_net_usage": 12,
11 "net_usage_leeway": 100,
12 "context_free_discount_net_usage_num": 20,
13 "context_free_discount_net_usage_den": 100,
14 "max_block_cpu_usage": 200000,
15 "target_block_cpu_usage_pct": 1000,
16 "max_transaction_cpu_usage": 150000,
17 "min_transaction_cpu_usage": 100,
18 "max_transaction_lifetime": 36000,
19 "deferred_trx_expiration_window": 600,
20 "max_transaction_delay": 3888000,
21 "max_inline_action_size": 4096,
22 "max_inline_action_depth": 4,
23 "max_authority_depth": 6
24 }
25 }
```

创建创世配置文件后,新增节点配置文件,如例 8-11 所示。

【例 8-11】 EOS 节点配置文件创建。

```
1  vim /etc/eos/config.ini
```

调整节点配置信息,如例 8-12 所示。

【例 8-12】 调整 EOS 节点配置信息。

```
1  http-validate-host = false
2  access-control-allow-origin = *
3  # 指定 P2P 地址和端口,该参数指定与哪些节点互联。在这里,笔者仅指定了本机监听的地址和端口,
   # 若是集群环境,则需要复制多个 p2p-listen-endpoint 参数,分别指定其他主机地址和端口
4  p2p-listen-endpoint = 0.0.0.0:9876
5  p2p-max-nodes-per-host = 50
6  allowed-connection = any
7  max-clients = 1000
8  # 指定本地监听的 HTTP 地址和端口,该端口在统一接口服务调用区块链接口时使用
9  http-server-address = 0.0.0.0:8888
10 blocks-dir = "blocks"
11 contracts-console = true
12
13 # 按需指定插件,带有 api 关键字的插件将影响 HTTP 暴露哪些接口,例如,如果不暴露钱包接口插件,
   # 则无法通过 HTTP 方式与钱包交互(签名交易等)
```

```
14 plugin = eosio::chain_plugin
15 plugin = eosio::net_plugin
16 plugin = eosio::producer_plugin
17 plugin = eosio::producer_api_plugin
18 plugin = eosio::chain_api_plugin
19 plugin = eosio::http_plugin
20 enable-stale-production = true
21
22 # 指定节点名称和密钥。在这里,指定了两对名称和密钥:eosio 表示创世账号,它对于创世节点来说
   # 是必需的,创世节点部署过程需要通过该账号进行系统合约部署和初始化,且 eosio 账号完成第一个
   # 区块创建,直到拓展至多节点,都由其创建区块;prod1 账号表示共识节点 1,当拓展多节点后,eosio
   # 账号不再使用,后续将切换至 prod1。对于非创世节点配置来说,仅配置一对名称和密钥即可
23 producer-name = eosio
24 signature-provider = EOS8RgmzwbWLRbb4qMNz9boeidiPM7a79UfPcdMP7mJwTFPkHUuFd=KEY:
   5Jenat2DvBv7WVwdSTmLBvRSkXsAVuTySoj 7nDPtadTGFxWhWJM
25 producer-name = prod1
26 signature-provider = EOS8WqbPy2tqYskFBFgzDF42MDH373s2E5MgVA2FBHBm3TKEUU1Bi=KEY:
   5K25m99r34v7t1hLdyNcDFLVZZ24F77dh4kFgbEbKQyCmFmwbav
```

5. 节点启动

配置后,启动区块链节点。

如果是非容器方式,则直接执行命令,如例 8-13 所示。

【例 8-13】 EOS 启动方式一。

```
1 nodeos --genesis-json /etc/eos/genesis.json --config-dir /etc/eos --data-dir /data/
  eos --verbose-http-errors
```

其中,--genesis-json 参数指定创世区块配置文件;--data-dir 参数指定节点数据目录,区块链区块、交易、状态数据等内容均存放在该目录;--config-dir 参数指定配置文件所在目录。

启动后,系统输出日志,如图 8-8 所示。

```
info  2022-04-17T14:51:43.459 nodeos      resource_monitor_plugi:94      plugin_s
tartup        ] Creating and starting monitor thread
info  2022-04-17T14:51:43.459 nodeos      file_space_handler.hpp:112     add_file
_system       ] /data/eos/blocks's file system monitored. shutdown_available: 2
789946570, capacity: 27899465728, threshold: 90
info  2022-04-17T14:51:43.467 nodeos      http_plugin.cpp:877            operator
()            ] start listening for http requests
info  2022-04-17T14:51:43.467 nodeos      http_plugin.cpp:983           add_hand
ler           ] add api url: /v1/node/get_supported_apis
info  2022-04-17T14:51:43.467 nodeos      producer_plugin.cpp:2333       produce_
block         ] Produced block 675f33151bce709a... #2 @ 2022-04-17T14:51:43.500
 signed by eosio [trxs: 0, lib: 1, confirmed: 0]
info  2022-04-17T14:51:43.902 nodeos      producer_plugin.cpp:2333       produce_
block         ] Produced block 7b0d8998518ae0fc... #3 @ 2022-04-17T14:51:44.000
 signed by eosio [trxs: 0, lib: 2, confirmed: 0]
info  2022-04-17T14:51:44.402 nodeos      producer_plugin.cpp:2333       produce_
block         ] Produced block c038652602f2f487... #4 @ 2022-04-17T14:51:44.500
 signed by eosio [trxs: 0, lib: 3, confirmed: 0]
info  2022-04-17T14:51:44.902 nodeos      producer_plugin.cpp:2333       produce_
block         ] Produced block 7a2ebae44dedbec6... #5 @ 2022-04-17T14:51:45.000
 signed by eosio [trxs: 0, lib: 4, confirmed: 0]
```

图 8-8　EOS 启动日志

建议读者使用后端守护进程的方式运行节点,并采用重定向方式记录并查看日志。

通过日志能够看出,eosio 创世节点从创世区块开始,逐渐产生高度为 2、3、4、5 的区块,每个区块不包含任何交易。

如果是容器方式,则通过 docker 命令启动,如例 8-14 所示。

【例 8-14】　EOS 启动方式二。

```
1 docker run -itd --name nodeos-1 -v /etc/eos:/etc/eos -v /data/eos:/data/eos -p 9876:
  9876 -p 8888: 8888 eosio/eos: v2.1.0 nodeos --genesis -json /etc/eos/genesis.json
  --config-dir /etc/eos --data-dir /data/eos --verbose-http-errors
```

其中,-p 参数指定主机和容器间的端口映射,若不指定,容器内部监听的端口将不能通过主机连通。

启动后,可以查看日志,如例 8-15 所示。

【例 8-15】　EOS 容器日志。

```
1 docker logs -f nodeos-1
```

8.8.2　智能合约环境搭建

EOSIO.CDT 是 EOS 智能合约开发必不可少的工具,主要作用是编译智能合约。

这里使用的是基于前文 nodeos-util 容器和二进制安装包安装的方式。首先,从 Github 官方网站(网址详见前言二维码)下载 EOSIO.CDT 至/etc/eos 目录,笔者下载的版本是 1.8.1。然后,在/etc/eos 目录下执行安装命令,如例 8-16 所示。

【例 8-16】　EOS CDT 安装。

```
1 docker exec -it nodeos-util bash
2 cd /etc/eos
3 apt install ./eosio.cdt_1.8.1-1-ubuntu-18.04_amd64.deb
```

安装后,系统具备 eosio-cpp 命令,用于编译 EOS 智能合约代码,生成智能合约部署所需的 WASM 文件和 ABI 文件。

8.8.3　系统合约初始化

1. 系统合约部署

EOS 内置了多个系统合约,若不进行初始化,将影响后续业务合约的部署。因此,在 nodeos-util 容器内,从 Github 官方网站下载(网址详见前言二维码)系统合约源码至 eosio. contracts 目录,笔者下载的版本是 v1.9.2。完成后,在 eosio.contracts 目录下编译智能合约,如例 8-17 所示。

【例 8-17】　EOS 系统合约下载。

```
1 ./build.sh
```

这里使用的 EOS 2.＊版本,需要引入 WTMSIG_BLOCK_SIGNATURES 共识特性。且只有部署 EOS 源码中的 eosio.boot 合约后,才能部署 eosio.bios 合约和 eosio.system 合

约,因此,事先准备 eosio.boot 合约。该合约在 EOS 源码目录下,只需要下载源码并移动位置即可,如例 8-18 所示。

【例 8-18】 EOS 系统合约准备。

```
1  mv eos/contracts/contracts/eosio.boot/bin/* eos/contracts/contracts/eosio.boot/
```

完成后,进入创世节点容器,创建一个 default 钱包和多个系统合约账号,如例 8-19 所示。

【例 8-19】 EOS 钱包和密钥准备。

```
1  docker exec -it nodeos-1 bash
2  cd /etc/eos
3  cleos wallet create -f ./walletkeys
4  cleos wallet import --private-key
   5Jenat2DvBv7WVwdSTmLBvRSkXsAVuTySoj7nDPtadTGFxWhWJM
5  cleos create account eosio eosio.system
   EOS8RgmzwbWLRbb4qMNz9boeidiPM7a79UfPcdMP7mJwTFPkHUuFd
6  cleos create account eosio eosio.token
   EOS8RgmzwbWLRbb4qMNz9boeidiPM7a79UfPcdMP7mJwTFPkHUuFd
7  cleos create account eosio eosio.msig
   EOS8RgmzwbWLRbb4qMNz9boeidiPM7a79UfPcdMP7mJwTFPkHUuFd
8  cleos create account eosio eosio.wrap
   EOS8RgmzwbWLRbb4qMNz9boeidiPM7a79UfPcdMP7mJwTFPkHUuFd
9  cleos create account eosio eosio.ram
   EOS8RgmzwbWLRbb4qMNz9boeidiPM7a79UfPcdMP7mJwTFPkHUuFd
10 cleos create account eosio eosio.ramfee
   EOS8RgmzwbWLRbb4qMNz9boeidiPM7a79UfPcdMP7mJwTFPkHUuFd
11 cleos create account eosio eosio.names
   EOS8RgmzwbWLRbb4qMNz9boeidiPM7a79UfPcdMP7mJwTFPkHUuFd
12 cleos create account eosio eosio.stake
   EOS8RgmzwbWLRbb4qMNz9boeidiPM7a79UfPcdMP7mJwTFPkHUuFd
13 cleos create account eosio eosio.saving
   EOS8RgmzwbWLRbb4qMNz9boeidiPM7a79UfPcdMP7mJwTFPkHUuFd
14 cleos create account eosio eosio.bpay
   EOS8RgmzwbWLRbb4qMNz9boeidiPM7a79UfPcdMP7mJwTFPkHUuFd
15 cleos create account eosio eosio.vpay
   EOS8RgmzwbWLRbb4qMNz9boeidiPM7a79UfPcdMP7mJwTFPkHUuFd
16 cleos create account eosio eosio.rex
   EOS8RgmzwbWLRbb4qMNz9boeidiPM7a79UfPcdMP7mJwTFPkHUuFd
```

其中:

(1) cleos wallet create 命令。

该命令创建钱包并在-f 参数指定位置输出钱包密码文件。区块链安装、初始化等操作耗时较长,钱包会自动加锁,届时操作结果报错,提示 Error 3120003:Locked wallet,读者需要使用该密码解锁钱包,解锁命令为 cleos wallet unlock。

(2) cleos create account 命令。

该命令在区块链上创建账号,这里的 eosio.* 账号均是系统合约账号。

然后,部署 eosio.boot 合约、eosio.bios 合约、eosio.system 合约,如例 8-20 所示。

【例 8-20】 EOS 系统合约部署(1)。

```
1  curl -X POST
   http://127.0.0.1:8888/v1/producer/schedule_protocol_feature_activations -d '{"protocol_
   features_to_activate": ["0ec7e080177b2c02b278d5088611686b49d739925a92d9bfcacd7fc6b74
   053bd"]}'
2  cleos set contract eosio /etc/eos/eos/contracts/contracts/eosio.boot
3  cleos push action eosio activate
   '["299dcb6af692324b899b39f16d5a530a33062804e41f09dc97e9f156b4476707"]' -p eosio@active
4  cleos set contract eosio /etc/eos/eosio.contracts/build/contracts/eosio.bios
5  cleos set contract eosio /etc/eos/eosio.contracts/build/contracts/eosio.system
```

最后,部署其他系统合约,如例 8-21 所示。

【例 8-21】 EOS 系统合约部署(2)。

```
1  cleos set contract eosio.token /etc/eos/eosio.contracts/build/contracts/eosio.token
2  cleos set contract eosio.msig /etc/eos/eosio.contracts/build/contracts/eosio.msig
3  cleos set contract eosio.wrap /etc/eos/eosio.contracts/build/contracts/eosio.wrap
```

2. 系统合约初始化

调用系统合约进行数字货币发布等操作,如例 8-22 所示。

【例 8-22】 EOS 数字货币发布。

```
1  cleos push action eosio.token create '[eosio, "10000000000.0000 SYS"]' -p eosio.token@
   active
2  cleos push action eosio.token issue '[eosio, "1000000000.0000 SYS", "init"]' -p eosio@
   active
3  cleos push action eosio setpriv '["eosio.msig", 1]' -p eosio@active
4  cleos push action eosio init '["0", "4,SYS"]' -p eosio@active
```

3. 生产者节点注册

注册新的节点账号,如例 8-23 所示。

【例 8-23】 EOS 生产者节点注册。

```
1  cleos wallet import --private-key 5K25m99r34v7t1hLdyNcDFLVZZ24F77dh4kFgbEbKQyCm
   Fmwbav
2  cleos system newaccount eosio --transfer prod1 EOS8WqbPy2tqYskFBFgzDF42MDH373s2
   E5MgVA2FBHBm3TKEUU1Bi --stake-net "1.0000 SYS" --stake-cpu "1.0000 SYS" --buy-
   ram-kbytes 1024 -x 3000
3  cleos system regproducer prod1 EOS8WqbPy2tqYskFBFgzDF42MDH373s2E5MgVA2FBHBm3TKE
   UU1Bi https:// fzd.cn 8
```

4. 投票出块

注册 prodadmin 账号作为管理员账号,进行数字货币抵押,并为生产者节点投票,如例 8-24 所示。

【例 8-24】 EOS 节点投票。

```
1  cleos wallet import --private-key 5JeYFZ27kwgMCm6G2uGTZvoHdjGs76jyW2zAAETRRCrpnhV
   MDm3
2  cleos system newaccount eosio prodadmin
```

```
        EOS6HT1VeB9rpo1TQGTH7FhzNaDSn9jtnmetcNcXiGfUxwNjANeCH
        EOS6HT1VeB9rpo1TQGTH7FhzNaDSn9jtnmetcNcXiGfUxwNjANeCH --stake-net '50.00
        SYS' --stake-cpu '50.00 SYS' --buy-ram-kbytes 8192
3   cleos push action eosio.token transfer '[eosio, "prodadmin", "150000000.0000 SYS",
    "vote producers"]' -p eosio@active
4   cleos system delegatebw prodadmin prodadmin "100000000.0000 SYS" "50000000.0000 SYS"
5   cleos system voteproducer prods prodadmin prod1
```

投票后,便能够查询到 prod1 节点信息,由该节点负责创建区块,如例 8-25 所示。

【例 8-25】 EOS 节点投票。

```
1   cleos system listproducers
2   cleos get schedule
```

输出前一指令结果,如图 8-9 所示。

```
Producer        Producer key                                                Url
                                                 Scaled votes
prod1           EOS8WqbPy2tqYskFBFgzDF42MDH373s2E5MgVA2FBHBm3TKEUU1Bi        https:
//fzd.cn        _                                   1.0000
```

图 8-9　EOS 生产者节点信息

输出后一指令结果,如图 8-10 所示。

```
active schedule version 1
    Producer        Producer Authority
    ============    ==================
    prod1           {"threshold":1,"keys":[{"key":"EOS8WqbPy2tqYskFBFgzDF42MDH37
3s2E5MgVA2FBHBm3TKEUU1Bi","weight":1}]}

pending schedule empty

proposed schedule empty
```

图 8-10　EOS 调度信息

通过日志也能够看出,prod1 节点已替代 eosio,如图 8-11 所示。

```
block          ] Produced block 8edbe31d4786657e... #729 @ 2022-04-
00 signed by prod1 [trxs: 0, lib: 728, confirmed: 0]
```

图 8-11　EOS 共识日志

8.8.4　集群搭建

上文重点介绍了单节点搭建方法,适用于智能合约开发、调测,不适用于正式环境。在这里,展开介绍集群搭建方法。

1. 生产者节点注册

需要规划好节点数量、名称及部署位置并进行配置。在这里,规划两节点(正式环境建议使用 9 节点),如例 8-26 所示。

【例 8-26】 EOS 多节点注册。

```
1   cleos wallet import --private-key
    5K25m99r34v7t1hLdyNcDFLVZZ24F77dh4kFgbEbKQyCmFmwbav
```

```
2  cleos wallet import --private-key
   5KFXNn5yiT9WGXGEv7jJhB97W29BCxXUxxqjXjc5dhD8nds6u6x
3  cleos system newaccount eosio --transfer prod1
   EOS8WqbPy2tqYskFBFgzDF42MDH373s2E5MgVA2FBHBm3TKEUU1Bi --stake-net "1.0000 SYS" --stake
   -cpu "1.0000 SYS" --buy-ram-kbytes 1024 -x 3000
4  cleos system newaccount eosio --transfer prod2
   EOS7Ny8cpq2RcdYx4ijoY9iwP4Hb2kSjwQUPZ4VqMivArcYvumjyX --stake-net "1.0000 SYS" --stake
   -cpu "1.0000 SYS" --buy-ram-kbytes 1024 -x 3000
5  cleos system regproducer prod1
   EOS8WqbPy2tqYskFBFgzDF42MDH373s2E5MgVA2FBHBm3TKEUU1Bi https:// fzd.cn 8
6  cleos system regproducer prod2
   EOS7Ny8cpq2RcdYx4ijoY9iwP4Hb2kSjwQUPZ4VqMivArcYvumjyX https:// fzd.cn 8
```

2. 节点启动

首先,创建各节点配置目录(文件)及数据目录。其中,config.ini 文件可根据各节点实际情况调整,genesis.json 文件务必保持各节点一致。例如,针对第二节点进行配置,如例 8-27 所示。

【例 8-27】 EOS 扩展节点配置。

```
1  http-validate-host = false
2  access-control-allow-origin = *
3  p2p-listen-endpoint = 0.0.0.0:9876
4  p2p-listen-endpoint = 192.168.45.128:9876
5  p2p-max-nodes-per-host = 50
6  allowed-connection = any
7  max-clients = 1000
8  http-server-address = 0.0.0.0:8888
9  blocks-dir = "blocks"
10 ontracts-console = true
11 plugin = eosio::chain_plugin
12 plugin = eosio::net_plugin
13 plugin = eosio::producer_plugin
14 plugin = eosio::producer_api_plugin
15 plugin = eosio::chain_api_plugin
16 plugin = eosio::http_plugin
17 enable-stale-production = true
18 producer-name = prod2
19 signature-provider =
   EOS7Ny8cpq2RcdYx4ijoY9iwP4Hb2kSjwQUPZ4VqMivArcYvumjyX=KEY:5KFXNn5yiT9WGXG
   Ev7jJhB97W29BCxXUxxqjXjc5dhD8nds6u6x
```

然后,通过 nodeos 命令启动节点即可。若采用容器方式,需要指定不同的容器名称。启动后,节点将自动与其他节点连接。

3. 投票出块

完成 prodadmin 账号注册、数字货币抵押等操作后,可以直接使用该账号为多个生产者节点投票,如例 8-28 所示。

【例 8-28】 EOS 多节点投票。

```
1  cleos system voteproducer prods prodadmin prod1 prod2
```

投票后,两节点将轮流创建区块。

8.9　EOS 合约开发

智能合约开发依赖于 EOSIO. CDT 工具,前文区块链搭建过程已经介绍该工的安装方法,本节将重点介绍如何基于该工具开发 EOS 智能合约并部署、调用。本节首先介绍如何在本地节点开发、部署及调用智能合约,这部分内容适用于非正式环境的代码开发、测试;然后介绍核心的智能合约语法和案例;最后,介绍如何通过远程调用的方式调用智能合约,这部分内容适用于正式环境的业务系统交互。

8.9.1　智能合约开发

EOS 智能合约官方开发语言是 C++,开发前,需要安装 C++ 开发工具。笔者具备多年 Linux 下 C++ 程序开发经验,最常使用的开发工具就是 Vim,在这里,笔者通过该方式编写智能合约代码。当然,读者可根据个人喜好使用 Visual Studio Code 或 EOSIO Quickstart Web IDE 进行开发。其中,Visual Studio Code 是程序开发利器,具备跨语言(支持 C++、Node. js、JavaScript 等语言)和跨平台(支持 Linux、Windows、MacOS 等系统)特性,但需要额外安装插件;Web IDE 是 EOS 官方 IDE,提供更全面、便捷的可视化交互工具。

在这里,不再具体介绍 C++ 的语法,而是直接以打印“Hello，world!”为例,层层递进,深入介绍和智能合约语言特性相关的代码案例。

首先,创建智能合约源码目录,如例 8-29 所示。

【例 8-29】　EOS 智能合约源码目录创建。

```
1  docker exec -it nodeos-util bash
2  mkdir -p /etc/eos/contracts/hello
3  cd /etc/eos/contracts/hello
```

智能合约文件包含 *. hpp 和 *. cpp。一般来说,*. hpp 是头文件,主要包含智能合约类和成员函数声明等内容;*. cpp 是源文件,用来实现智能合约函数,源文件需要包含头文件。与传统 C 语言的 *. h 头文件不同,C++语言的 *. hpp 头文件不仅可以包含声明,也能够将实现放在里面,例如,编写 EOS 智能合约时,往往包含 eosio. hpp 文件,该文件既包含了智能合约核心类的声明代码,也包含了实现代码。使用 *. hpp 文件后,调用者只需要包含 *. hpp 文件即可,无须再将 *. cpp 文件加入项目编译,实现代码将直接编译到调用者的 *. obj 文件,不再单独生成 *. obj。*. hpp 文件能够大幅度减少调用 *. cpp 文件的数量和编译次数。

创建示例 hello. cpp 文件,如例 8-30 所示。

【例 8-30】　C++智能合约——“Hello，world!”。

```
1  #include <eosio/eosio.hpp>      // 指定需要包含的头文件 eosio/eosio.hpp,该文件定义了 EOS
                                   // 智能合约开发所依赖的类和成员函数等内容
2  using namespace eosio;          // 引用 eosio 命名空间,引用后,代码能够更加简洁地调用头文
                                   // 件内的函数等内容
3
```

```
4  class [[eosio::contract]] hello: public contract {   // 定义智能合约类,该类必须继承
   // contract 类
5    public:
6    using contract::contract;
7
8    [[eosio::action]]   // 使用[[eosio::action]],这样 CDT 编译时就能够产生更多可信赖的信息
   // 到 ABI 文件中
9    void hi() {  // 定义 action()函数,包含函数名、参数和返回值,action()函数是 EOS 特有的概
   // 念,可以理解为智能合约的成员函数,智能合约部署完成后,客户端可以调用该函数
10     print("Hello, world!");  // 调用打印函数,由于已经引入了 eosio 命名空间不需要写
   // eosio::print( "Hello, world!"),直接写 print( "Hello, world!")即可
11   }
12 };
```

完成智能合约开发后,通过源码编译的方式验证是否编码有误,为下一步部署做准备。
笔者使用 EOSIO.CDT 工具编译智能合约源码,如例 8-31 所示。

【例 8-31】 C++智能合约编译。

```
1 eosio-cpp hello.cpp -o hello.wasm -abigen
```

其中,hello.cpp 参数表示待编译的 C++源码文件;-o 参数指定待输出的 WASM 文件
名;-abigen 参数指定编译源码的同时,需要生成 ABI 文件。值得一提的是,如果编写了
*.hpp 文件,需要额外增加-I 参数进行引用。

智能合约编译后的一个重要产物是 ABI 文件,该文件基于 JSON 格式描述了如何将智
能合约的调用在 JSON 格式和二进制格式间进行转换,如例 8-32 所示。

【例 8-32】 EOS ABI 文件。

```
1  {
2      "____comment": "This file was generated with eosio-abigen. DO NOT EDIT ",
3      "version": "eosio::abi/1.2",
4      "types": [],
5      "structs": [
6          {
7              "name": "hi",
8              "base": "",
9              "fields": []
10         }
11     ],
12     "actions": [
13         {
14             "name": "hi",
15             "type": "hi",
16             "ricardian_contract": ""
17         }
18     ],
19     "tables": [],
20     "kv_tables": {},
21     "ricardian_clauses": [],
22     "variants": [],
23     "action_results": []
24 }
```

其中,第 4 行:types 参数表示自定义数据类型。第 5~11 行:structs 参数表示由 action()函数入参组成的数组。系统根据下文描述的 actions 参数中的 type 参数在这里找到对应的数据结构,base 参数表示继承的父结构名称,fields 参数表示由参数名称和类型组成的数组。第 12~18 行:actions 参数表示由 action()函数组成的数组。name 参数表示函数名称,type 参数用于在 structs 参数中查找数据结构,这两个参数一般来说是相同的,即函数名称和结构体名称相同(但并不强制要求相同)。第 19 行:tables 参数表示由数据表名称以及数据表中存储的结构体名称组成的数组。

完成智能合约源码编译后,建议在非正式环境进行部署、测试,可使用 cleos 命令行(更适合于自测)或 HTTP 接口(更适合于系统调测)方式调用智能合约。完成测试后,部署至正式环境。

8.9.2　智能合约部署

切换至区块链节点容器,通过发送交易的方式完成智能合约部署。

建议读者针对不同业务场景的智能合约,规划并使用不同的智能合约账号。本书为了让读者将注意力集中在智能合约代码上,而不是频繁地进行智能合约账号创建和切换流程,笔者在下文智能合约开发和拓展过程中,基本都使用前文已经创建好的 prodadmin 等账号作为智能合约账号,在特殊场景创建新的智能合约账号。

通过命令行部署智能合约,如例 8-33 所示。

【例 8-33】　EOS 智能合约部署。

```
1  cleos set contract prodadmin /etc/eos/contracts/hello -p prodadmin@active
```

其中,prodadmin 参数表示智能合约账号,即该智能合约部署于 prodadmin 账号;/etc/eos/contracts/hello 指定智能合约源码编译结果所在目录,即 WASM 文件和 ABI 文件所在路径;-p 参数指定交易发送方信息,即用于部署智能合约的账号信息,prodadmin 表示账号名称,active 表示账号权限。

交易发送后,屏幕输出返回结果,如图 8-12 所示。

```
Reading WASM from /etc/eos/contracts/hello/hello.wasm...
Publishing contract...
executed transaction: f5e49056b5c57a0ebcfa05511238c93c5215b9b69de5ee51962c9ccb
35bb3659  14288 bytes  1427 us
#        eosio <= eosio::setcode        "0000984e2693e8ad00009a8b02006
1736d0100000001d4012260000060037f7f017f60037f7e7f017e60047f7f7f006...
#        eosio <= eosio::setabi         "0000984e2693e8ad2a0e656f73696
f3a3a6162692f312e32000102686900000100000000000806b026869000000000000...
```

图 8-12　EOS 智能合约部署日志

返回结果主要包含交易哈希、执行过程调用的系统函数等内容。

8.9.3　智能合约调用

部署后,再次构造交易完成智能合约调用,如例 8-34 所示。

【例 8-34】　EOS 智能合约调用。

```
1  cleos push action prodadmin hi '[]' -p prodadmin@active
```

其中,prodadmin 参数表示需要调用的智能合约账号;hi 参数表示需要调用的 action()函数;[]参数指定需要调用的 action()函数入参,此处以数组形式按序传参;-p 参数指定交易发送方信息,即用于调用智能合约的账号信息,prodadmin 表示账号名称,active 表示账号权限。

调用后,屏幕输出调用结果,如图 8-13 所示。

```
executed transaction: 5f56d4cb42879c1ddc3e67badb069be84deab909827aa6818161eb2a
92e17885  96 bytes  110 us
#    prodadmin <= prodadmin::hi              ""
>> Hello, world!
```

图 8-13　EOS 智能合约调用日志

其中,最后一行输出"Hello,world!"。

8.9.4　智能合约拓展

完成 EOS 第一个智能合约调用后,读者已经初步解了 EOS 智能合约开发方法。接下来,将对智能合约进行一系列改造,展示 EOS 智能合约更全面的特性。

1. 参数变更

在上文中,没有定义 action()函数入参,在这里,加入多个入参,如例 8-35 所示。

【例 8-35】　C++智能合约——多入参。

```
1  #include <eosio/eosio.hpp>
2  using namespace eosio;
3  using namespace std;
4
5  class [[eosio::contract]] hello: public contract {
6    public:
7    using contract::contract;
8
9    [[eosio::action]]
10   void hi(const name& account, const string& name) {   // name 属于 EOS 智能合约自建类型,
                                                          // 表示账号信息
11     print("Hi! ", account, " Hello! ", name);
12   }
13 };
```

改造后,进行编译和部署,链上智能合约将更新为新版本。此时,进行智能合约调用,如例 8-36 所示。

【例 8-36】　EOS 智能合约多入参调用。

```
1  cleos push action prodadmin hi '[eosio, "fzd"]' -p prodadmin@active
```

输出调用结果,如图 8-14 所示。

```
executed transaction: 7d2eb76bca126855cf47a6a67acc72df58dd4af0f384097914f4f091
0fc9e944  104 bytes  128 us
#    prodadmin <= prodadmin::hi              {"account":"eosio","name":"fzd
"}
>> Hi! eosio Hello! fzd
```

图 8-14　EOS 智能合约调用日志(改版后)

2. 授权者验证

针对 name 参数类型，EOS 内置了 require_auth() 函数，用于验证函数入参账号和智能合约调用账号的一致性，若不一致，则调用报错。改造智能合约，如例 8-37 所示。

【例 8-37】 C++智能合约——账号验证机制。

```
1  #include <eosio/eosio.hpp>
2  using namespace eosio;
3  using namespace std;
4
5  class [[eosio::contract]] hello: public contract {
6    public:
7    using contract::contract;
8
9    [[eosio::action]]
10     void hi(const name& account, const string& name) {   // 第一个参数需要和智能合约调用
                                                             // 账号一致
11        require_auth(account);
12        print("Hi! ", account, " Hello! ", name);
13     }
14 };
```

此时，为 hi() 函数的第一个入参和-p 参数分别指定不同的账号，输出调用结果，如图 8-15 所示。

```
Error 3090004: Missing required authority
Ensure that you have the related authority inside your transaction!;
If you are currently using 'cleos push action' command, try to add the relevan
t authority using -p option.
Error Details:
missing authority of eosio
pending console output:
```

图 8-15　EOS 智能合约调用异常日志

其中，3090004 错误码提示表示智能合约函数入参账号和智能合约调用账号不一致。使用一致的账号，再次调用，输出调用结果，如图 8-16 所示。

```
executed transaction: 513d822d6b2a8f5752d69d75578977f473476a21c20f91e97d303c19
a1774de2  104 bytes  100 us
#    prodadmin <= prodadmin::hi              {"account":"prod1","name":"fzd
"}
>> Hi! prod1 Hello! fzd
```

图 8-16　EOS 智能合约调用正常日志

3. 多索引表引入

EOS 交易上链后，业务系统能够查询到当时上链的数据（例如，调用智能合约的传参），这些数据虽然具备持久化与可追溯特性，但不具备实时刷新、共享的特点，不能与其他数据关联计算，因为这些数据只是历史数据上链的快照，但彼此没有发生覆盖或交互。

为了实现数据刷新、共享、可关联，需要通过另一种持久化方式实现，即状态数据库（State Database）。EOS 利用底层 API 把数据存储到区块链状态数据库的数据表（Table）中，通过 API 对数据表中的记录（Row）进行增加、删除、修改和查询。这种持久化不同于交易上链，数据是实时刷新、共享的。

下面以整数累加为例，演示这种特性。

在/etc/eos/contracts/pptest 目录下创建智能合约,定义一个整型的静态成员变量,通过 add()函数实现变量累加,如例 8-38 所示。

【例 8-38】 C++智能合约——静态变量。

```
1  #include <eosio/eosio.hpp>
2  using namespace eosio;
3
4  class [[eosio::contract]] pptest: public contract {
5     public:
6     using contract::contract;
7     static uint8_t x;
8
9     [[eosio::action]]
10    void add() {
11       pptest::x = pptest::x + 1;
12       print(x);
13    }
14  };
15  uint8_t pptest::x = 0;
```

针对上文的智能合约,创建新的账号进行部署。

在这里,将 cleos create key 命令创建的密钥导入本地钱包,在区块链上创建 pptest 账号并测试,如例 8-39 所示。

【例 8-39】 C++静态变量累加测试。

```
1  cleos wallet import --private-key 5KhhrXYCCcXUEwYThWhdE3Dm3Kzf6SMyspbBLbxC1Dhb
   SnNdmj
2  cleos create account eosio pptest EOS5nVwe73K9Vq9JopMQwSyCxZqcvg7Zym6UpDTC2hwJa
   6L1EURR9
3  cleos set contract pptest /etc/eos/contracts/pptest -p pptest@active
4  cleos push action pptest add '[]' -p pptest@active
```

通过调用智能合约,能够发现,变量的值并没有持续累加,即每次调用输出结果均是 1,如图 8-17 所示。

```
executed transaction: dd8dd5d00c292b6c86603e02abe1aac24aa90a17d8430a7d8b5f1d21
1215d8f1  96 bytes  100 us
#         pptest <= pptest::add                  ""
>> 1
```

图 8-17 非索引表数据刷新情况

在这里,改造该智能合约,引入多索引表(multi_index),使整型变量在状态数据库的数据表内存储,如例 8-40 所示。

【例 8-40】 C++智能合约——多索引表。

```
1  #include <eosio/eosio.hpp>
2  using namespace eosio;
3
4  class [[eosio::contract]] pptest: public contract {
5     private:
6     // 定义多索引表保存的数据结构,多索引表具备唯一 ID(类似于数据库主键),通过 primary_
       // key()函数获取
7     struct [[eosio::table]] pp {
```

```
8         uint64_t i;
9         uint8_t x = 0;
10
11        uint64_t primary_key() const { return i; }
12    };
13    using pp_index = eosio::multi_index<name("pp"), pp>;    // 定义多索引表<name("pp"), pp>
      // 中的第一个参数表示数据表名称,第二个参数表示存储记录的类型,即上文定义的 pp 数据结构
14
15    public:
16    using contract::contract;
17
18    [[eosio::action]]
19    void add() {
20        uint64_t i = 1234;
21        // 实例化多索引表,第一个参数表示拥有这张数据表的账号,只有该账号能够修改或删除数据,
          // 但该账号需要支付存储费用(RAM),在这里,使用_self 关键字,即此智能合约账号,作为拥有
          // 这张数据表的账号;第二个参数表示范围,在该智能合约内,该参数确保数据表唯一,由于这
          // 里只定义了一个多索引表,因此直接使用此智能合约账号作为唯一的范围标识。实例化后,
          // 下面的代码通过检索唯一 ID,确认记录是否存在,若不存在,则进行数据插入操作,否则进行
          // 数据修改(累加成员变量)操作。需要注意的是,插入和修改函数均使用了_self 关键字作为
          // 支付该操作费用的账号
22        pp_index pp(_self, _self.value);
23        auto it = pp.find(i);
24        if(it == pp.end()) {
25            pp.emplace(_self, [&](auto& row) {
26                row.i = i;
27                row.x = 1;
28                print(row.x);
29            });
30        } else {
31            pp.modify(it, _self, [&](auto& row) {
32                row.x = it->x + 1;
33                print(row.x);
34            });
35        }
36    }
37    };
```

引入多索引表后,多次调用,结果成功累加,如图 8-18 所示。

>> 8

图 8-18 多索引表数据刷新情况

4. 智能合约案例

接下来,编写一个稍微复杂的智能合约,演示如何通过多索引表对数据表记录进行增加、删除、修改和查询。

实现的这个智能合约主要用于通讯录管理,通讯录保存个人编号、姓名、手机号等信息,提供增加、删除和修改等功能供外部调用。为什么只实现增加、删除和修改功能?因为,查

询的功能是EOS内置的,可以通过命令行、接口等形式直接获取智能合约数据。

首先,创建/etc/eos/contracts/addressbook 目录,编写 addressbook.cpp,如例 8-41
所示。

【例 8-41】 C++智能合约——通讯录。

```
1  #include <eosio/eosio.hpp>
2  using namespace eosio;
3  using namespace std;
4
5  class [[eosio::contract]] addressbook: public contract {
6    private:
7    struct [[eosio::table]] person {
8      uint64_t id;
9      string name;
10     uint64_t phone;
11     string city;
12     string state;
13
14     uint64_t primary_key() const { return id; }
15     uint64_t by_phone() const { return phone; }
16   };
17   typedef eosio::multi_index<name("persons"), person, indexed_by<name("phone"),
   const_mem_fun<person, uint64_t, &person::by_phone>>>addressbooks;  // 定义多索引表保
   // 存的数据结构,这里新增了一个变量 phone 的索引,指定 by_phone()函数用于获取该索引
18
19   public:
20   using contract::contract;
21
22   [[eosio::action]]
23    void insert(const name& user, const string& name, uint64_t phone, const string&
   city, const string& state) {
24      require_auth(user);
25      addressbooks addresses(get_self(), user.value);  // get_self()函数指定此智能合
         // 约账号成为数据表的拥有者,user.value 参数指定范围,在一个拥有者账号下,不同范围对
         // 应不同的数据表
26      addresses.emplace(user, [&](auto& row) {
27        row.id = addresses.available_primary_key();  // 获取自增主键
28        row.name = name;
29        row.phone = phone;
30        row.city = city;
31        row.state = state;
32      });
33    }
34
35   [[eosio::action]]
36   void update(const name& user, uint64_t id, const string& name, uint64_t phone, const
   string& city, const string& state) {
37      require_auth(user);
38      addressbooks addresses(get_self(), user.value);
39      auto it = addresses.find(id);
40      addresses.modify(it, user, [&](auto& row) {
41        row.name = name;
```

```
42          row.phone = phone;
43          row.city = city;
44          row.state = state;
45        });
46      }
47
48      [[eosio::action]]
49      void remove(const name& user, uint64_t id) {
50          require_auth(user);
51          addressbooks addresses(get_self(), user.value);
52          auto it = addresses.find(id);
53          addresses.erase(it);
54      }
55    };
```

此案例的 ABI 文件格式更加复杂，如例 8-42 所示。

【例 8-42】　EOS 复杂 ABI 文件。

```
1   {
2     "___comment": "This file was generated with eosio-abigen. DO NOT EDIT ",
3     "version": "eosio::abi/1.2",
4     "types": [],
5     "structs": [
6       {
7         "name": "erase",
8         "base": "",
9         "fields": [
10          {
11            "name": "user",
12            "type": "name"
13          }
14        ]
15      },
16      {
17        "name": "person",
18        "base": "",
19        "fields": [
20          {
21            "name": "key",
22            "type": "name"
23          },
24          {
25            "name": "first_name",
26            "type": "string"
27          },
28          {
29            "name": "last_name",
30            "type": "string"
31          },
32          {
33            "name": "street",
34            "type": "string"
```

```json
35            },
36            {
37                "name": "city",
38                "type": "string"
39            },
40            {
41                "name": "state",
42                "type": "string"
43            }
44        ]
45        },
46        {
47            "name": "upsert",
48            "base": "",
49            "fields": [
50                {
51                    "name": "user",
52                    "type": "name"
53                },
54                {
55                    "name": "first_name",
56                    "type": "string"
57                },
58                {
59                    "name": "last_name",
60                    "type": "string"
61                },
62                {
63                    "name": "street",
64                    "type": "string"
65                },
66                {
67                    "name": "city",
68                    "type": "string"
69                },
70                {
71                    "name": "state",
72                    "type": "string"
73                }
74            ]
75        }
76    ],
77    "actions": [
78        {
79            "name": "erase",
80            "type": "erase",
81            "ricardian_contract": ""
82        },
83        {
84            "name": "upsert",
85            "type": "upsert",
86            "ricardian_contract": ""
87        }
```

```
88      ],
89      "tables": [
90        {
91          "name": "people",
92          "type": "person",
93          "index_type": "i64",
94          "key_names": [],
95          "key_types": []
96        }
97      ],
98      "kv_tables": {},
99      "ricardian_clauses": [],
100       "variants": [],
101       "action_results": []
102   }
```

编译后，部署智能合约，如例 8-43 所示。

【例 8-43】　通讯录智能合约部署。

```
1  cleos set contract prodadmin /etc/eos/contracts/addressbook -p prodadmin@active
```

然后，验证该智能合约功能。

构造 3 条记录，插入不同的数据表，如例 8-44 所示。

【例 8-44】　通讯录插入功能。

```
1  cleos push action prodadmin insert '["prod1", "Li Yan", 13900000000, "Zhengzhou", "0"]'
   -p prod1@active
2  cleos push action prodadmin insert '["prodadmin", "Li Jianfeng", 13500000000,
   "Zhengzhou", "1"]' -p prodadmin@active
3  cleos push action prodadmin insert '["prodadmin", "Zhang Yuehan", 15800000000,
   "Zhengzhou", "1"]' -p prodadmin@active
```

其中，insert()函数的第一个入参分别是 prod1 账号、prodadmin 账号，表示两个范围，每个范围各对应一张数据表。

查看其中一个范围的数据表记录，如例 8-45 所示。

【例 8-45】　通讯录查询(1)。

```
1  cleos get table prodadmin prod1 persons
```

其中，prodadmin 参数表示拥有数据表的账号；prod1 参数表示范围；persons 参数表示数据表名称。

得到结果，如图 8-19 所示。

查看另一个范围的数据表记录，如例 8-46 所示。

【例 8-46】　通讯录查询(2)。

```
1  cleos get table prodadmin prodadmin persons
```

得到结果，如图 8-20 所示。

```
{
  "rows": [{
      "id": 0,
      "name": "Li Yan",
      "phone": "13900000000",
      "city": "Zhengzhou",
      "state": "0"
    }
  ],
  "more": false,
  "next_key": "",
  "next_key_bytes": ""
}
```

图 8-19　范围一的数据

```
{
  "rows": [{
      "id": 0,
      "name": "Li Jianfeng",
      "phone": "13500000000",
      "city": "Zhengzhou",
      "state": "1"
    },{
      "id": 1,
      "name": "Zhang Yuehan",
      "phone": "15800000000",
      "city": "Zhengzhou",
      "state": "1"
    }
  ],
  "more": false,
  "next_key": "",
  "next_key_bytes": ""
}
```

图 8-20　范围二的数据

允许设置主键范围过滤数据表记录,如例 8-47 所示。

【例 8-47】　通讯录查询(3)。

```
1  cleos get table prodadmin prodadmin persons --upper 0 --key-type i64 --index 1
```

其中,--upper 参数指定主键上界;--key-type 参数指定主键数据类型(主键和索引只能是 i64 类型,其他支持 i64、i128、i256、float64、float128、ripemd160、sha256 类型);--index 参数指定索引编号(1 表示主键,从 2 开始表示索引编号),不指定时,默认为 1。

得到结果,如图 8-21 所示。

如果通过索引过滤该数据表记录,需要修改--upper、--index 等参数,如例 8-48 所示。

【例 8-48】　通讯录查询(4)。

```
{
  "rows": [{
      "id": 0,
      "name": "Li Jianfeng",
      "phone": "13500000000",
      "city": "Zhengzhou",
      "state": "1"
    }
  ],
  "more": false,
  "next_key": "",
  "next_key_bytes": ""
}
```

图 8-21　数据过滤情况

```
1  cleos get table prodadmin prodadmin persons --upper 13500000000 --key-type i64
   --index 2
```

修改 prod1 范围的数据表记录,如例 8-49 所示。

【例 8-49】　通讯录修改功能。

```
1  cleos push action prodadmin update '["prod1", 0, "Li Yan", 13900000000, "Beijing", "1"]'
   -p prod1@active
```

得到修改后的结果,如图 8-22 所示。

删除该记录,如例 8-50 所示。

【例 8-50】　通讯录删除功能。

```
1  cleos push action prodadmin remove '["prod1", 0]' -p prod1@active
```

得到删除后的结果,如图 8-23 所示。

```
{
    "rows": [{
        "id": 0,
        "name": "Li Yan",
        "phone": "13900000000",
        "city": "Beijing",
        "state": "1"
    }
    ],
    "more": false,
    "next_key": "",
    "next_key_bytes": ""
}
```

```
{
    "rows": [],
    "more": false,
    "next_key": "",
    "next_key_bytes": ""
}
```

图 8-22　数据修改情况　　　　　　图 8-23　数据删除情况

值得注意的是,使用多索引表维护数据表记录时,需要支付费用(RAM),RAM 消耗完毕后,数据表将不能存储任何记录。建议数据表只存储"热数据",定期将一定周期内的"冷数据"进行清理,清理后,RAM 将归还。

5. 李嘉图合约定义

EOS 官方文档或提案中,经常使用李嘉图合约(Ricardian Contract)这一名词,根据 EOS 约定,EOS 区块链上的所有智能合约必须具备李嘉图合约。简单来说,这种合约是一种方便人们阅读的合约,它描述了编写智能合约的意图。

添加李嘉图合约定义,如例 8-51 所示。

【例 8-51】 EOS 李嘉图合约定义。

```
1  <h1 class="contract">insert</h1>
2  ---
3  spec-version: 0.0.2
4  title: Insert
5  summary: This action will insert a person entry in the address book. The Person entry
   includes his/her id, name, phone, city, and state parameters. The data is stored in the
   multi index table. The ram costs are paid by the smart contract.
6  icon:
7
8  <h1 class="contract">update</h1>
9  ---
10 spec-version: 0.0.2
11 title: Update
12 summary: This action will update a person entry from the address book by his/her id.
   Person entry includes his/her name, phone, city, and state parameters.
13 icon:
14
15 <h1 class="contract">remove</h1>
16 ---
17 spec-version: 0.0.2
18 title: Remove
19 summary: This action will remove a person entry from the address book by his/her id.
20 icon:
```

同时,添加了李嘉图条款定义,如例 8-52 所示。

【例 8-52】 EOS 李嘉图条款定义。

```
1  <h1 class="clause">Data Storage</h1>
2  ---
3  spec-version: 0.0.1
4  title: General Data Storage
5  summary: This smart contract will store a person's data added by EOS account. The
   account's owner consents to the storage of this data by signing the transaction.
6  icon:
7
8
9  <h1 class="clause">Data Usage</h1>
10 ---
11 spec-version: 0.0.1
12 title: General Data Use
13 summary: This smart contract will store a person's data. It will not use the stored data
   for any purpose outside store.
14 icon:
15
16 <h1 class="clause">Data Ownership</h1>
17 ---
18 spec-version: 0.0.1
19 title: Data Ownership
20 summary: The user of this smart contract verifies that the data is owned by the smart
   contract, and it can use the data in accordance to the terms defined in the Ricardian
   Contract.
21 icon:
22
23 <h1 class="clause">Data Distirbution</h1>
24 ---
25 spec-version: 0.0.1
26 title: Data Distirbution
27 summary: The smart contract will not share or distribute the person's data. The user of
   the smart contract understands that data stored in a multi index table is not private
   data and can be accessed by any user of the blockchain.
28 icon:
29
30
31 <h1 class="clause">Data Future</h1>
32 ---
33 spec-version: 0.0.1
34 title: Data Future
35 summary: The smart contract only use the data only according to the terms defined in the
   Ricardian Contract, now and in future.
36 icon:
```

引入李嘉图合约能够避免 eosio-cpp 编译时的警告信息,并在 ABI 文件中加入适当的描述信息。

6. 多智能合约融合案例

截至目前,本书介绍的场景均是如何与智能合约 action()函数交互,而实际上,智能合约之间同样能够进行 action()函数调用。

在 action()函数内部调用智能合约执行其他 action()函数时,需要账号间具备 eosio. code 权限,因此,首先添加该权限,如例 8-53 所示。

【例 8-53】 EOS eosio. code 权限配置。

```
1   cleos set account permission prodadmin active '{"threshold": 1, "keys": [{"key":
    "EOS6HT1VeB9rpo1TQGTH7FhzNaDSn9jtnmetcNcXiGfUxwNjANeCH","weight": 1}]," accounts":
    [{"permission":{"actor":"prodadmin","permission":"eosio.code"},"weight":1}]}' owner
    -p prodadmin@owner
```

完成添加后,改造前文代码,实现在一个智能合约内部调用内联 action()函数,如例 8-54 所示。

【例 8-54】 C++智能合约——内联函数。

```
1   #include <eosio/eosio.hpp>
2   using namespace eosio;
3   using namespace std;
4
5   class [[eosio::contract]] addressbook: public contract {
6     private:
7     struct [[eosio::table]] person {
8         uint64_t id;
9         string name;
10        uint64_t phone;
11        string city;
12        string state;
13
14        uint64_t primary_key() const { return id; }
15        uint64_t by_phone() const { return phone; }
16     };
17     typedef eosio::multi_index<name("persons"), person, indexed_by<name("phone"),
    const_mem_fun<person, uint64_t, &person::by_phone>>>addressbooks;
18
19     // 定义并发送 action()函数信息,在执行 insert()函数、update()函数、remove()函数时,触发
    // 该操作。action()函数信息的第一个参数 permission_level 指定授权此 action()函数的账号
    // 权限;第二个参数指定调用哪个智能合约,在这里,指定 get_self()函数,即此智能合约;第三个
    // 参数指定调用哪个 action()函数,在这里,指定 notify()函数;第四个参数指定调用 action()函
    // 数时的传参
20     void send_summary(const name& user, const string& message) {
21         action(
22             permission_level{get_self(), name("active")},
23             get_self(),
24             name("notify"),
25             make_tuple(user, name{user}.to_string() + message)
26         ).send();
27     };
28
29     public:
30     using contract::contract;
31
32     [[eosio::action]]
```

```
33    void notify(const name& user, const string& msg) {
34        require_auth(get_self());
35        require_recipient(user);
36    }
37
38    [[eosio::action]]
39    // 定义通知(回执)函数,该函数被 send_summary() 函数调用。通知函数首先调用 require_
      // auth()函数,该函数的入参是 get_self(),这样传参的目的是保证只能由此智能合约调用通
      // 知函数,防止其他账号伪造通知;然后,调用 require_recipient()函数,该函数将入参账号加
      // 入集合 require_recipient,并确保这些账号能够收到正在执行的 action()函数的通知
40    void insert(const name& user, const string& name, uint64_t phone, const string&
    city, const string& state) {
41        require_auth(user);
42        addressbooks addresses(get_self(), user.value);
43        addresses.emplace(user, [&](auto& row) {
44            row.id = addresses.available_primary_key();
45            row.name = name;
46            row.phone = phone;
47            row.city = city;
48            row.state = state;
49        });
50        send_summary(user, " insert");
51    }
52
53    [[eosio::action]]
54    void update(const name& user, uint64_t id, const string& name, uint64_t phone, const
    string& city, const string& state) {
55        require_auth(user);
56        addressbooks addresses(get_self(), user.value);
57        auto it = addresses.find(id);
58        if(it == addresses.end()) {
59            return;
60        }
61        addresses.modify(it, user, [&](auto& row) {
62            row.name = name;
63            row.phone = phone;
64            row.city = city;
65            row.state = state;
66        });
67        send_summary(user, " update");
68    }
69
70    [[eosio::action]]
71    void remove(const name& user, uint64_t id) {
72        require_auth(user);
73        addressbooks addresses(get_self(), user.value);
74        auto it = addresses.find(id);
75        if(it == addresses.end()) {
76            return;
77        }
78        addresses.erase(it);
79        send_summary(user, " remove");
80    }
81 };
```

上文的智能合约实现了内联 action() 函数调用与通知。

接下来,重点演示如何实现跨智能合约调用。

实现的这个跨智能合约调用场景主要包括以下功能:一是通讯录管理;二是针对通讯录增加、修改和删除等操作的累加计数。其中,使用 addressbook 合约用于通讯录管理,使用 pptest 合约用于操作累加计数。

首先,改造前文"3. 多索引表引入"的 pptest 合约,实现操作累加计数功能,每次addressbook 合约增加、修改或删除记录,均通知 pptest 合约进行计数保存,如例 8-55 所示。

【例 8-55】 C++智能合约——通讯录累加计数。

```
1   #include <eosio/eosio.hpp>
2   using namespace eosio;
3   using namespace std;
4
5   class [[eosio::contract]] pptest: public contract {
6      private:
7      struct [[eosio::table]] pp {
8         uint64_t i;
9         uint8_t x = 0;
10
11        uint64_t primary_key() const { return i; }
12     };
13     using pp_index = eosio::multi_index<name("pp"), pp>;
14
15     public:
16     using contract::contract;
17
18     [[eosio::action]]
19     void add(const name& user, const string& type) {   // 添加两个入参,用于其他智能合约调
                                                          // 用传参
20        pp_index pp(_self, _self.value);
21        auto it = pp.find(user.value);
22        if(it == pp.end()) {
23           pp.emplace(_self, [&](auto& row) {
24              row.i = user.value;
25              row.x = 1;
26              print(row.x, type);
27           });
28        } else {
29           pp.modify(it, _self, [&](auto& row) {
30              row.x = it->x + 1;
31              print(row.x, type);
32           });
33        }
34     }
35  };
```

完成后,在 pptest 账号上部署该智能合约。

然后,改造 addressbook 合约,在已有通讯录管理功能基础上,调用 pptest 合约进行操作累加计数,如例 8-56 所示。

【例 8-56】 C++智能合约——通讯录拓展。

```
1   #include <eosio/eosio.hpp>
2   using namespace eosio;
3   using namespace std;
4
5   class [[eosio::contract]] addressbook: public contract {
6      private:
7      struct [[eosio::table]] person {
8         uint64_t id;
9         string name;
10        uint64_t phone;
11        string city;
12        string state;
13
14        uint64_t primary_key() const { return id; }
15        uint64_t by_phone() const { return phone; }
16     };
17     typedef eosio::multi_index<name("persons"), person, indexed_by<name("phone"),
    const_mem_fun<person, uint64_t, &person::by_phone>>>addressbooks;
18
19     void send_summary(const name& user, const string& message) {
20        action(
21           permission_level{get_self(), name("active")},
22           get_self(),
23           name("notify"),
24           make_tuple(user, name{user}.to_string() + message)
25        ).send();
26     };
27
28     // record_count()函数调用 pptest 合约的 add()函数,实现操作累加计数及保存 record_
       // count()函数被 insert()函数、update()函数及 remove()函数调用。第 32、33 行分别表
       // 示需要调用 pptest 合约及 add()函数
29     void record_count(const name& user, const string& type) {
30        action counter = action(
31           permission_level{get_self(), name("active")},
32           name("pptest"),
33           name("add"),
34           make_tuple(user, type)
35        );
36        counter.send();
37     }
38
39     public:
40     using contract::contract;
41
42     [[eosio::action]]
43     void notify(const name& user, const string& msg) {
44        require_auth(get_self());
45        require_recipient(user);
46     }
47
48     [[eosio::action]]
```

```
49    void insert(const name& user, const string& name, uint64_t phone, const string&
   city, const string& state) {
50        require_auth(user);
51        addressbooks addresses(get_self(), user.value);
52        addresses.emplace(user, [&](auto& row) {
53            row.id = addresses.available_primary_key();
54            row.name = name;
55            row.phone = phone;
56            row.city = city;
57            row.state = state;
58        });
59        send_summary(user, " insert");
60        record_count(user, " insert");
61    }
62
63    [[eosio::action]]
64    void update(const name& user, uint64_t id, const string& name, uint64_t phone, const
   string& city, const string& state) {
65        require_auth(user);
66        addressbooks addresses(get_self(), user.value);
67        auto it = addresses.find(id);
68        if(it == addresses.end()) {
69            return;
70        }
71        addresses.modify(it, user, [&](auto& row) {
72            row.name = name;
73            row.phone = phone;
74            row.city = city;
75            row.state = state;
76        });
77        send_summary(user, " update");
78        record_count(user, " update ");
79    }
80
81    [[eosio::action]]
82    void remove(const name& user, uint64_t id) {
83        require_auth(user);
84        addressbooks addresses(get_self(), user.value);
85        auto it = addresses.find(id);
86        if(it == addresses.end()) {
87            return;
88        }
89        addresses.erase(it);
90        send_summary(user, " remove");
91        record_count(user, " remove ");
92    }
93 };
```

完成后，在 prodadmin 账号上进行部署。

调用 addressbook 合约的 insert()函数，如图 8-24 所示。

其中，屏幕输出内容主要包括智能合约通知消息和被调用合约输出的 1 insert，1 是 pptest 合约数据表中的 x 值，表示目前已累加 1 次操作，insert 是从 addressbook 合约传递

```
executed transaction: 2b0218eb07efedc87af3a118f39b262c8df68e9fe65b547a33a4ee9f
004cddb8  128 bytes  176 us
#      prodadmin <= prodadmin::insert              {"user":"prod1","name":"Li Yan
","phone":"13900000000","city":"Zhengzhou","state":"0"}
#      prodadmin <= prodadmin::notify              {"user":"prod1","msg":"prod1 i
nsert"}
#         pptest <= pptest::add                    {"user":"prod1","type":" inser
t"}
>> 1 insert
#          prod1 <= prodadmin::notify              {"user":"prod1","msg":"prod1 i
nsert"}
```

图 8-24　EOS 智能合约交互日志

的操作类型。

查询 pptest 合约的数据表，如例 8-57 所示。

【**例 8-57**】　通讯录计数查询。

```
1  cleos get table pptest pptest pp
```

能够发现，该数据表存储的 x 值和上文屏幕输出的值相同。

7. 自定义权限控制

EOS 构建了多级账号权限管理体系，功能强大、灵活且可定制，读者能够基于该体系创建自定义权限，控制不同的权限调用不同的智能合约 action()函数。

自定义权限指被创建的任意命名的权限。当读者创建账号时，默认具备两个权限，这两个权限被命名为 owner 和 active，读者可以创建新的子权限，这些权限就是自定义权限。自定义权限需要绑定密钥，自定义权限能够与智能合约 action()函数进行映射（调用关系绑定），绑定后，通过该权限能够调用相应函数。需要注意的是，自定义权限基于一个父权限创建，父权限包含该自定义权限；使用自定义权限能够提高账号和调用特定交易的安全性，能够减少默认权限的使用，避免该权限受到损害；如果自定义权限受到损害，通过父权限能够恢复自定义权限密钥。

接下来，将演示如何创建自定义权限、绑定自定义权限、解绑自定义权限及删除自定义权限。

在这里，编写新的智能合约，用于账号权限测试，如例 8-58 所示。

【**例 8-58**】　C++智能合约——权限。

```
1  #include <eosio/eosio.hpp>
2  using namespace eosio;
3
4  class [[eosio::contract]] pmtest: public contract {
5    public:
6    using eosio::contract::contract;
7
8    [[eosio::action]]
9    void what(const name& user ) {
10       print("what?", user);
11   }
12
13   [[eosio::action]]
14   void why(const name& user ) {
```

```
15      print("why?", user);
16    }
17 };
```

将该智能合约部署在 pmtest 账号，然后使用 alice 账号的不同权限调用它。

在这里，为 alice 账号创建两个自定义权限：alicepm1 和 alicepm2。alicepm1 基于父权限 active 创建，alicepm2 基于父权限 alicepm1 创建，如例 8-59 所示。

【例 8-59】 EOS 账号创建与查看。

```
1 cleos set account permission alice alicepm1
    EOS65dpVtxGZEef95sECsRvUKNf8ZFx7itqHPUM6qBUXJc36qCSg4 active -p alice@active
2 cleos set account permission alice alicepm2
    EOS65dpVtxGZEef95sECsRvUKNf8ZFx7itqHPUM6qBUXJc36qCSg4 alicepm1 -p alice@active
3 cleos get account alice --json
```

输出 alice 账号详情，如例 8-60 所示。

【例 8-60】 EOS alice 账号详情。

```
1  {
2    "account_name": "alice",
3    "head_block_num": 112690,
4    "head_block_time": "2022-04-23T13:57:12.500",
5    "privileged": false,
6    "last_code_update": "1970-01-01T00:00:00.000",
7    "created": "2022-04-23T13:49:08.500",
8    "ram_quota": -1,
9    "net_weight": -1,
10   "cpu_weight": -1,
11   "net_limit": {
12     "used": -1,
13     "available": -1,
14     "max": -1,
15     "last_usage_update_time": "2022-04-23T13:53:03.500",
16     "current_used": -1
17   },
18   "cpu_limit": {
19     "used": -1,
20     "available": -1,
21     "max": -1,
22     "last_usage_update_time": "2022-04-23T13:53:03.500",
23     "current_used": -1
24   },
25   "ram_usage": 3400,
26   "permissions": [{
27     "perm_name": "active",
28     "parent": "owner",
29     "required_auth": {
30       "threshold": 1,
31       "keys": [{
32         "key": "EOS65dpVtxGZEef95sECsRvUKNf8ZFx7itqHPUM6qBUXJc36qCSg4",
33         "weight": 1
```

```
34            }
35          ],
36          "accounts": [],
37          "waits": []
38        }
39      },{
40        "perm_name": "alicepm1",
41        "parent": "active",
42        "required_auth": {
43          "threshold": 1,
44          "keys": [{
45            "key": "EOS65dpVtxGZEef95sECsRvUKNf8ZFx7itqHPUM6qBUXJc36qCSg4",
46            "weight": 1
47          }
48          ],
49          "accounts": [],
50          "waits": []
51        }
52      },{
53        "perm_name": "alicepm2",
54        "parent": "alicepm1",
55        "required_auth": {
56          "threshold": 1,
57          "keys": [{
58            "key": "EOS65dpVtxGZEef95sECsRvUKNf8ZFx7itqHPUM6qBUXJc36qCSg4",
59            "weight": 1
60          }
61          ],
62          "accounts": [],
63          "waits": []
64        }
65      },{
66        "perm_name": "owner",
67        "parent": "",
68        "required_auth": {
69          "threshold": 1,
70          "keys": [{
71            "key": "EOS65dpVtxGZEef95sECsRvUKNf8ZFx7itqHPUM6qBUXJc36qCSg4",
72            "weight": 1
73          }
74          ],
75          "accounts": [],
76          "waits": []
77        }
78      }
79    ],
80    "total_resources": null,
81    "self_delegated_bandwidth": null,
82    "refund_request": null,
83    "voter_info": null,
84    "rex_info": null
85 }
```

其中,第 26～79 行包含 4 个权限,分别是 active 权限、alicepm1 权限、alicepm2 权限及 owner 权限,权限之间的父子关系通过 parent 参数确定。

接下来,绑定自定义权限,将 alicepm1 权限与 pmtest 合约的 what()函数绑定,将 alicepm2 权限与 pmtest 合约的 why()函数绑定,同时进行验证,如例 8-61 所示。

【例 8-61】 EOS 账号权限绑定与验证。

```
1  cleos set action permission alice pmtest what alicepm1 -p alice@active
2  cleos set action permission alice pmtest why alicepm2 -p alice@active
3  cleos push action pmtest what '["pm1"]' -p alice@alicepm1
4  cleos push action pmtest why '["pm1"]' -p alice@alicepm1
5  cleos push action pmtest what '["pm2"]' -p alice@alicepm2
6  cleos push action pmtest why '["pm2"]' -p alice@alicepm2
```

理论上,通过 alicepm1 权限能够调用 what()函数和 why()函数,通过 alicepm2 权限不能调用 what()函数,能够调用 why()函数。实际结果如何呢?

输出第 1 条调用结果,如图 8-25 所示。

```
executed transaction: 5eab7632d239bab1317a81a2533ba0c5865ea7dfe73ba85eef66f2af
04c5b7cd  104 bytes  100 us
#         pmtest <= pmtest::what              {"user":"pm1"}
>> what?  pm1
```

图 8-25　自定义权限日志(1)

输出第 2 条调用结果,如图 8-26 所示。

```
executed transaction: f9d6b95df26b59430459ed8e68925ccabbdc59d0fc36e9585c3904b3
2096ff00  104 bytes  100 us
#         pmtest <= pmtest::why               {"user":"pm1"}
>> why? pm1
```

图 8-26　自定义权限日志(2)

输出第 3 条(失败的)调用结果,如图 8-27 所示。

```
Error 3090005: Irrelevant authority included
Please remove the unnecessary authority from your action!
Error Details:
action declares irrelevant authority '{"actor":"alice","permission":"alicepm2"
}'; minimum authority is {"actor":"alice","permission":"alicepm1"}
```

图 8-27　自定义权限日志(3)

输出第 4 条(成功的)调用结果,如图 8-28 所示。

```
executed transaction: 6210c1b5a83974ed11d98eab2ad54960cb95613e27980bc7d2b4bf50
fa92cc16  104 bytes  107 us
#         pmtest <= pmtest::why               {"user":"pm2"}
>> why? pm2
```

图 8-28　自定义权限日志(4)

全部验证通过。此时,解绑自定义权限,将 alicepm2 权限与 why()函数解绑,进行验证,如例 8-62 所示。

【例 8-62】 EOS 账号权限解绑与验证。

```
1  cleos set action permission alice pmtest why NULL -p alice@active
2  cleos push action pmtest why '["pm2"]' -p alice@alicepm2
```

此时,调用失败,如图 8-29 所示。

```
Error 3090005: Irrelevant authority included
Please remove the unnecessary authority from your action!
Error Details:
action declares irrelevant authority '{"actor":"alice","permission":"alicepm2"
}'; minimum authority is {"actor":"alice","permission":"active"}
```

图 8-29　自定义权限日志(5)

最后,演示如何删除 alicepm2 权限,如例 8-63 所示。

【例 8-63】　EOS 账号权限删除。

```
1  cleos set account permission alice alicepm2 NULL active -p alice@active
```

删除后,再次查看 alice 账号详情,alicepm2 权限已消失,如例 8-64 所示。

【例 8-64】　EOS alice 账号权限删除后的详情。

```
1  {
2    "account_name": "alice",
3    "head_block_num": 117786,
4    "head_block_time": "2022-04-23T14:39:40.500",
5    "privileged": false,
6    "last_code_update": "1970-01-01T00:00:00.000",
7    "created": "2022-04-23T13:49:08.500",
8    "ram_quota": -1,
9    "net_weight": -1,
10   "cpu_weight": -1,
11   "net_limit": {
12     "used": -1,
13     "available": -1,
14     "max": -1,
15     "last_usage_update_time": "2022-04-23T14:39:38.500",
16     "current_used": -1
17   },
18   "cpu_limit": {
19     "used": -1,
20     "available": -1,
21     "max": -1,
22     "last_usage_update_time": "2022-04-23T14:39:38.500",
23     "current_used": -1
24   },
25   "ram_usage": 3206,
26   "permissions": [{
27     "perm_name": "active",
28     "parent": "owner",
29     "required_auth": {
30       "threshold": 1,
31       "keys": [{
32         "key": "EOS65dpVtxGZEef95sECsRvUKNf8ZFx7itqHPUM6qBUXJc36qCSg4",
33         "weight": 1
34       }
35     ],
36     "accounts": [],
37     "waits": []
38   }
```

```
39     },{
40      "perm_name": "alicepm1",
41      "parent": "active",
42      "required_auth": {
43       "threshold": 1,
44       "keys": [{
45          "key": "EOS65dpVtxGZEef95sECsRvUKNf8ZFx7itqHPUM6qBUXJc36qCSg4",
46          "weight": 1
47         }
48        ],
49       "accounts": [],
50       "waits": []
51      }
52     },{
53      "perm_name": "owner",
54      "parent": "",
55      "required_auth": {
56       "threshold": 1,
57       "keys": [{
58          "key": "EOS65dpVtxGZEef95sECsRvUKNf8ZFx7itqHPUM6qBUXJc36qCSg4",
59          "weight": 1
60         }
61        ],
62       "accounts": [],
63       "waits": []
64      }
65     }
66    ],
67   "total_resources": null,
68   "self_delegated_bandwidth": null,
69   "refund_request": null,
70   "voter_info": null,
71   "rex_info": null
72  }
```

8.9.5　节点远程交互

前文主要介绍了如何开发智能合约并通过命令行方式部署、调用智能合约。然而,在正式环境中(尤其是智能合约部署后),智能合约与外部业务系统不在一个主机或节点,通过节点命令行方式调用智能合约是不现实的,最佳方式是使用原生 HTTP 和官方 SDK(例如,JavaScript、Java)的方式。在这里,重点介绍前一种方式,这种方式具有普适性,适用于各种开发语言。

本节编写智能合约并部署在 prodadmin 账号,如例 8-65 所示。

【例 8-65】 C++智能合约——远程调用示例。

```
1  #include <eosio/eosio.hpp>
2  using namespace eosio;
3  using namespace std;
4
```

```cpp
5  class [[eosio::contract]] addressbook: public contract {
6    private:
7    struct [[eosio::table]] person {
8        uint64_t id;
9        string name;
10       uint64_t phone;
11       string city;
12       string state;
13
14       uint64_t primary_key() const { return id; }
15       uint64_t by_phone() const { return phone; }
16    };
17    typedef eosio::multi_index<name("persons"), person, indexed_by<name("phone"),
  const_mem_fun<person, uint64_t, &person::by_phone>>>addressbooks;
18
19    public:
20    using contract::contract;
21
22    [[eosio::action]]
23    void insert(const name& user, const string& name, uint64_t phone, const string&
  city, const string& state) {
24        require_auth(user);
25        addressbooks addresses(get_self(), user.value);
26        addresses.emplace(user, [&](auto& row) {
27            row.id = addresses.available_primary_key();
28            row.name = name;
29            row.phone = phone;
30            row.city = city;
31            row.state = state;
32        });
33    }
34
35    [[eosio::action]]
36    void update(const name& user, uint64_t id, const string& name, uint64_t phone, const
  string& city, const string& state) {
37        require_auth(user);
38        addressbooks addresses(get_self(), user.value);
39        auto it = addresses.find(id);
40        addresses.modify(it, user, [&](auto& row) {
41            row.name = name;
42            row.phone = phone;
43            row.city = city;
44            row.state = state;
45        });
46    }
47
48    [[eosio::action]]
49    void remove(const name& user, uint64_t id) {
50        require_auth(user);
51        addressbooks addresses(get_self(), user.value);
52        auto it = addresses.find(id);
53        addresses.erase(it);
54    }
55 };
```

1. 独立钱包搭建

前文构造交易时,均是基于 EOS 节点上的钱包操作的。而正式环境的节点和钱包一般是独立部署的。因此,补充介绍如何搭建一个独立的钱包,如例 8-66 所示。

【例 8-66】 EOS 钱包搭建。

```
1  sudo mkdir -p /etc/eos/wallet
2  sudo chown -R lijianfeng /etc/eos/wallets
3  docker run --name=wallet -v /etc/eos/wallet:/root/eosio-wallet -p 8099:8099 eosio/
   eos:v2.1.0 keosd --wallet-dir /root/eosio-wallet --data-dir /root/eosio-wallet --http
   -server-address=0.0.0.0:8099 --http-validate-host false
4  docker exec -it wallet bash
5  cd /root/eosio-wallet
6  cleos wallet create -f ./walletkeys
```

这里是第一次创建钱包,因此,使用了 cleos wallet create 命令;如果后续钱包重启,不需要再次创建,直接打开即可,如例 8-67 所示。

【例 8-67】 EOS 钱包打开。

```
1  cleos wallet open
```

创建后,default 钱包生成。这时,导入密钥。由于笔者调用智能合约使用的是 prodadmin 账号,与部署账号一样,因此,导入该密钥,用于后续智能合约调用,如例 8-68 所示。

【例 8-68】 EOS 密钥导入与查看。

```
1  cleos wallet import --private-key 5JeYFZ27kwgMCm6G2uGTZvoHdjGs76jyW2zAAETRRCrpnhVMDm3
2  cleos wallet keys
3  cleos wallet private_keys
```

或查看/root/eosio-wallet 目录下的钱包文件,如图 8-30 所示。

```
config.ini  default.wallet  keosd.sock  wallet.lock  walletkeys
```

图 8-30 钱包文件

2. 区块链信息获取

通过 HTTP 接口发送交易是有一套标准流程的,下面将一步步演示。

首先,调用接口获取链信息,如表 8-1 所示。

表 8-1 EOS 区块链信息获取接口

简　　介	用于获取区块链详情
URL	http://{ip}:{port}/v1/chain/get_info
Method	POST
Content Type	application/json

接口参数为空,IP 地址指定 EOS 节点地址,如例 8-69 所示。注意,正式环境建议通过 Nginx 等组件进行反向代理,通过负载地址进行区块链节点交互。

【例8-69】 EOS远程交互——区块链信息获取。

```
1  curl --request POST --url http://192.168.45.131:8888/v1/chain/get_info --header
   'content-type: application/json'
```

返回结果主要包括 chain_id 参数(区块链 ID)、head_block_num 参数和 head_block_id 参数(最新区块高度和哈希值)等,它们是后续交易需要使用的信息,务必留存。除此之外,交易提交后,往往还需要实时调用此接口,获取接口返回的 last_irreversible_block_num 参数(最新不可逆区块高度),通过对比它与交易所在区块高度,确认交易是否上链成功。

3. 区块信息获取

调用接口获取区块信息,如表 8-2 所示。

表 8-2 EOS 区块信息获取接口

接口协议项	接口协议内容
URL	http://{ip}:{port}/v1/chain/get_block
Method	POST
Content Type	application/json

接口需要指定入参,如表 8-3 所示。

表 8-3 EOS 区块信息获取入参

参 数 名 称	是 否 必 填	类 型	描 述
block_num_or_id	是	string	表示区块高度或哈希值

调用时,block_num_or_id 参数使用的是上文获取的 head_block_num 参数或 head_block_id 参数,如例 8-70 所示。

【例8-70】 EOS远程交互——区块信息获取。

```
1  curl --request POST --url http://192.168.45.131:8888/v1/chain/get_block --header
   'content-type: application/json' --data '{"block_num_or_id":"126671"}'
```

返回结果包括 timestamp 参数(时间戳)、ref_block_prefix 参数(引用区块前缀),这是后续需要使用的信息,务必留存。

4. 智能合约入参转换

调用接口转换智能合约调用参数,如表 8-4 所示。

表 8-4 EOS 智能合约入参转换接口

接口协议项	接口协议内容
URL	http://{ip}:{port}/v1/chain/abi_json_to_bin
Method	POST
Content Type	application/json

接口需要指定入参,如表 8-5 所示。

表 8-5　EOS 智能合约入参转换入参

参 数 名 称	是 否 必 填	类 型	描 述
code	是	string	表示智能合约账号名称
action	是	string	表示 action()函数名称
args	是	JSON	表示 action()函数入参

调用接口,如例 8-71 所示。

【例 8-71】　EOS 远程交互——智能合约入参转换。

```
1  curl --request POST --url http://192.168.45.131:8888/v1/chain/abi_json_to_bin --
   header 'content-type: application/json' --data '{"code": "prodadmin", "action":
   "insert", "args": {"user": "prodadmin", "name": "Li Shubao", "phone": 17800000000,
   "city": "Zhengzhou", "state": "1"}}'
```

返回结果包括 binargs 参数(入参转换的二进制编码字符串),这是后续需要使用的信息,务必留存。

5. 钱包解锁

钱包具有上锁功能,需要定期解锁才能对交易进行签名,调用相关接口,如表 8-6 所示。

表 8-6　EOS 钱包解锁接口

接口协议项	接口协议内容
URL	http://{ip}:{port}/v1/wallet/unlock
Method	POST
Content Type	

接口需要指定入参,如表 8-7 所示。

表 8-7　EOS 钱包解锁入参

参 数 名 称	是 否 必 填	类 型	描 述
0	是	string	表示钱包名称
1	是	string	表示钱包密码

调用接口,由于这里调用的是钱包(URL 上下文包含 wallet 关键词),因此 IP 等信息需要改变,如例 8-72 所示。

【例 8-72】　EOS 远程交互——钱包解锁。

```
1  curl --request POST --url http://192.168.45.132:8099/v1/wallet/unlock --data
   '["default","PW5Jpyc7a6ceuErQvMZwaSJS7ND4cuE4nyeNk7nK9FFH2qbpzxhNn"]'
```

6. 交易签名

调用接口对交易进行签名,如表 8-8 所示。

表 8-8　EOS 交易签名接口

接口协议项	接口协议内容
URL	http://{ip}:{port}/v1/wallet/sign_transaction
Method	POST
Content Type	

接口入参包括两部分，以数组形式连接。

第一部分是交易信息，如表 8-9 所示。

表 8-9　EOS 交易签名入参（1）

参 数 名 称	是 否 必 填	类 型	描 述
ref_block_num	是	int	表示引用区块高度
ref_block_prefix	是	int	表示引用区块前缀
expiration	是	string	表示过期时间
actions	是	列表和 JSON 结合	智能合约 action() 函数列表，包含 account 参数（智能合约账号名称）、name 参数（action() 函数名称）、authorization 参数（包含 actor 参数和 permission 参数，分别表示交易发送方账号和权限）、data 参数（入参转换的二进制编码字符串）
signatures	否	列表	此时为空

第二部分是额外信息，如表 8-10 所示。

表 8-10　EOS 交易签名入参（2）

参 数 名 称	是 否 必 填	类 型	描 述
0	是	string	用于签名的私钥对应的公钥
1	是	string	表示区块链 ID

调用时，ref_block_num 参数使用的是区块链信息获取接口返回的 head_block_num 参数，ref_block_prefix 参数使用的是区块信息获取接口返回的 ref_block_prefix 参数，expiration 参数可在区块信息获取接口返回的 timestamp 参数基础上加上一定时间（例如，几十秒或几分钟），最后一个参数使用的是区块链信息获取接口返回的 chain_id 参数，如例 8-73 所示。

【例 8-73】　EOS 远程交互——交易签名。

```
1  curl --request POST --url http://192.168.45.132:8099/v1/wallet/sign_transaction --
   data '[{"ref_block_num": 126671,"ref_block_prefix": 1106467496,"expiration": "2022-04-
   30T13:57:02", "actions": [{"account": "prodadmin", "name": "insert", "authorization":
   [{"actor": "prodadmin","permission":"active"}],"data":"0000984e2693e8ad094c692053687
   562616f0072f62404000000095a68656e677a686f750131"}], "signatures":[]},["EOS6HT1VeB9rpo
   1TQGTH7FhzNaDSn9jtnmetcNcXiGfUxwNjANeCH"], "00f31edb7dcbb56abbb6d82fba50fc08dc53e2c
   924a2ab77f436baab497329a2"]'
```

返回结果包括 signatures 参数（交易签名），这是后续需要使用的信息，务必留存。

7. 交易提交

最终，将创建的交易（包含签名）提交，入参和交易签名接口类似，补充了签名等信息。

调用时，signatures 参数使用的是上文获取的 signatures 参数，compression 参数指定 none，表示不压缩（或 zlib 参数表示压缩），如例 8-74 所示。

【例 8-74】 EOS 远程交互——交易提交。

```
1  curl --request POST --url http://192.168.45.131:8888/v1/chain/push_transaction --data
   '{"compression": "none","transaction":{"ref_block_num":126671,"ref_block_prefix":
   1106467496,"expiration": "2022-04-30T13:57:02","actions":[{"account":"prodadmin",
   "name": "insert","authorization":[{"actor":"prodadmin","permission":"active"}],
   "data":"0000984e2693e8ad094c692053687562616f0072f62404000000095a68656e677a686f75f750131"}]},
   "signatures":["SIG_K1_K7BLeqHNCEoj7JZBZut8VccKfeMvktA5NQDzBshyCByu51SLds16xZbNt5v5
   LTZ52yHG5QHupjSJ8EPwakfsxvxD7MKieY"]}'
```

返回结果包括 transaction_id 参数(交易哈希值)、block_num 参数(交易所在区块高度,是一个临时值)等。为了确保交易上链成功(处于不可逆状态),建议在交易过期时间前,定时调用区块链信息获取接口,查询 last_irreversible_block_num 参数是否大于或等于 block_num 参数,同时,通过区块信息获取接口确认交易是否确实在该高度的区块。

后续需要溯源上链数据时,可以通过区块信息获取接口查询数据详情。

8. 多索引表查询

未使用多索引表的链上数据可以通过区块信息获取接口查询,而基于多索引表的状态数据则需要通过多索引表查询接口获取,如表 8-11 所示。

表 8-11　EOS 多索引表查询接口

接口协议项	接口协议内容
URL	http://{ip}:{port}/v1/chain/get_table_rows
Method	POST
Content Type	application/json

接口需要指定入参,如表 8-12 所示。

表 8-12　EOS 多索引表查询入参

参 数 名 称	是 否 必 填	类 型	描 述
code	是	string	智能合约账号
table	是	string	数据表
scope	是	string	范围
index_position	否	string	索引编号(primary 参数表示主键,secondary 参数、tertiary 参数依次表示索引编号)
key_type	否	string	主键数据类型
encode_type	否	string	
lower_bound	否	string	索引下界
upper_bound	否	string	索引上界
limit	否	int32	返回记录数,默认为 10
reverse	否	boolean	是否逆序排列,默认为否
show_payer	否	boolean	是否显示 RAM 支付者,默认为否
json	否	boolean	是否显示 JSON 格式化后的数据,默认为否,建议填 true

调用接口,如例 8-75 所示。

【例 8-75】 EOS 远程交互——多索引表查询。

```
1  curl --request POST --url http://192.168.45.131:8888/v1/chain/get_table_rows --header
   'content-type: application/json' --data '{"code": "prodadmin", "table": "persons",
   "scope": "prodadmin", "json": true}'
```

除此之外,可以指定 index_position、key_type、lower_bound 等参数过滤查询范围,还可以调用 get_table_by_scope()接口(数据表获取接口)查询详细的记录列表。

第9章

EOS源码解析

通过对 EOS 业务流程和技术协议的介绍，相信读者已经对 EOS 技术原理有了一个整体的认识。本章首先介绍 EOS 源码结构，然后按照区块链技术协议自下而上的顺序介绍 EOS 系统核心源码。

9.1　EOS 源码结构

EOS 基于 MIT 协议，核心源码包括两部分：一部分是系统底层源码；另一部分是系统合约源码。

第一部分系统底层源码目录包括 libraries 目录、plugins 目录和 programs 目录。

（1）libraries 目录。

libraries 目录即库目录，存放 EOS 底层核心源码，该目录划分不同的模块，如表 9-1 所示。

表 9-1　EOS 模块

模　　块	介　　绍
chain	区块链模块，包括账号、交易、区块等核心内容
chain_kv	数据库模块，包括 KV 数据库等内容
state_history	历史状态模块
wasm-jit	虚拟机模块

（2）plugins 目录。

plugins 目录即插件目录，存放 EOS 启动插件源码，该目录划分不同的插件，如表 9-2 所示。

表 9-2　EOS 插件

插　　件	介　　绍
chain_ plugin	区块链插件，承载 EOS 节点交互的基本功能
chain_api_plugin	区块链接口插件，是对 chain_ plugin 插件的封装，提供对外接口服务，下文带有 api 关键词的模块与此情况类似
history_plugin	历史数据插件，主要指交易等历史数据
history_api_plugin	历史数据接口插件，是对 history_plugin 插件的封装
net_plugin	网络插件，包含 P2P 网络相关功能
net_api_plugin	网络接口插件，是对 net_plugin 插件的封装
producer_plugin	生产者节点插件，包含节点创建及验证区块等内容

续表

插　　件	介　　绍
producer_api_plugin	生产者节点接口插件，是对 producer_plugin 插件的封装
wallet_plugin	钱包插件，承载钱包交互的基本功能
wallet_api_plugin	钱包接口插件，是对 wallet_plugin 插件的封装
http_plugin	HTTP 插件，承载 EOS 网络中 HTTP 相关功能
http_client_plugin	HTTP 客户端插件，包含 PEM 认证相关内容
signature_provider_plugin	签名插件
state_history_plugin	状态历史数据插件
resource_monitor_plugin	资源监控插件

（3）programs 目录。

programs 目录即主程序目录，存放 EOS 主程序。该目录划分不同的主程序，如表 9-3所示。

表 9-3　EOS 主程序

主　程　序	介　　绍
nodes	EOS 节点主程序（EOS 服务端）
cleos	EOS 节点交互程序（EOS 客户端）
keosd	密钥管理程序

第二部分系统合约源码前文已经介绍，包括 eosio.system、eosio.token 等内容，此处不再赘述。

9.2　EOS 数据层源码

本节主要介绍 EOS 账号和权限、交易、区块、区块链等数据结构及核心函数，它们是EOS 交易创建和打包、区块生成和上链处理的底层能力支撑，在 EOS 整个业务流程中发挥了关键作用。

9.2.1　账号和权限

1. 账号权限结构

EOS 在 chain 模块及系统合约模块定义了以下 5 类账号权限结构，在 EOS 系统进行权限验证时使用。

（1）permission_level 结构。

permission_level 结构表示基础权限结构，包含账号名称和权限名称属性，例如，eosio账号和 active 权限。

（2）permission_level_weight 结构。

permission_level_weight 结构维护 permission_level 结构对象和权重属性。

（3）key_weight 结构。

key_weight 结构包含公钥和权重属性。

（4）wait_weight 结构。

wait_weight 结构包含等待时间和权重属性。

（5）authority 结构。

authority 结构定义了一个阈值，并维护和权重相关的集合，包括 permission_level_ weight 结构对象集合、key_weight 结构对象集合和 wait_weight 结构对象集合。发送交易调用智能合约时，需要用户（可能涉及多方用户）签名授权，EOS 收集已签名权重，判断权重之和大于或等于阈值时，发送方授权有效，交易生效。

2. 存储结构

账号权限数据存储在 EOS 系统的状态数据库，因此，EOS 在 chain 模块额外定义了以下两类存储结构。

（1）permission_object 类。

permission_object 类即权限类，包含权限 ID、账号名称、权限名称、父权限 ID（引用另一个 permission_object 类对象的 ID）及 authority 等属性。EOS 初始化创建 eosio 账号时，构造了两个这样的存储结构，分别对应 owner 和 active 权限，二者之间通过父权限 ID 关联，默认情况下，它们维护相同的 authority，权限阈值和公钥权重均为 1。

（2）permission_link_object 类。

permission_link_object 类即权限映射（关联）类，包含映射 ID、定义权限映射的账号名称、智能合约账号名称、action() 函数名称及关联的权限名称等属性。第一个和第四个属性组合起来，表示最低授权要求，调用智能合约 action() 函数时，调用方至少需要满足此授权要求，交易才能生效。

3. 验证流程

当用户创建或绑定自定义权限时，EOS 触发 controller 类（控制器类）对象的 find_ apply_handler() 函数，该函数调用 apply_eosio_updateauth() 函数、apply_eosio_linkauth() 函数更新状态数据库的账号权限数据。

当用户调用业务合约的 action() 函数时，EOS 触发 authorization_manager 类（权限管理器类）对象的 check_authorization() 函数，验证权限，验证流程主要包括以下两个。

（1）权限层级验证。

首先，通过交易发送方账号名称、需要调用的智能合约账号名称和 action() 函数名称，获取状态数据库 permission_link_object 类对象关联的权限名称及对应的 permission_ object 类对象（最低授权）。然后，通过交易发送方的账号名称和权限名称，获取状态数据库 permission_object 类对象（实际授权）。最后，判断实际授权是否满足最低授权要求，也就是判断前后两个 permission_object 类对象的层级，具体地说，只有当前一 permission_object 类对象和后一 permission_object 类对象相同，或前一 permission_object 类对象的上层某一级权限和后一 permission_object 类对象相同时，才满足最低授权要求，此时，权限层级验证通过。例如，当用户需要调用的 action() 函数所关联的权限层级较高，而当前交易发送方使用的权限层级较低，不满足授权要求，该 action() 函数不能被调用。

（2）已签名权重和阈值比较。

权限层级验证通过后，需要验证实际签名的权重是否满足阈值要求。主要流程是通过交易发送方账号名称和权限名称，获取状态数据库 permission_object 的 authority 结构对象，判断密钥等权重之和是否符合阈值要求。判断过程中，EOS 将 authority 结构对象维护的集合放入一个有序容器(权重高的在前)中,遍历容器,如果权重之和不小于阈值,则验证通过。

9.2.2 交易

EOS交易承载了业务系统与区块链交互过程传递的数据。交易中,最重要的一部分数据是action()函数信息,首先介绍该结构。

1. action()函数

action()函数信息构成交易主体,维护智能合约交互细节,能够被账号显示构造并签名授权,也能够被所执行的代码隐式生成。action()函数信息对应两级结构,父结构是action_base,子结构是action,均定义在chain模块中。

(1) action_base结构。

action_base结构包含智能合约调用的基础信息,如例9-1所示。

【例9-1】 EOS action_base结构。

```
1  struct action_base {
2      account_name account;        // 表示智能合约账号名称
3      action_name name;            // 表示action()函数名称
4      vector<permission_level> authorization;  // 表示交易发送方的账号权限集合
       // permission_level可理解为一种授权,只有授权有效,action()函数才能执行,由于每个action()
       // 函数的调用可以约定任意数量的授权,因此,使用了vector容器
5      // …
6  };
```

(2) action结构。

action结构额外维护智能合约调用的传参。

2. EOS交易的3级结构

EOS交易是3级结构,包含transaction_header结构、transaction结构和signed_transaction结构,分别对应交易头结构、交易结构和签名交易结构(交易和签名交易可以合称为交易体),均定义在chain模块。

(1) transaction_header结构。

transaction_header结构包含交易数据的定长部分,如例9-2所示。

【例9-2】 EOS交易头结构。

```
1  struct transaction_header {
2      // 前3个字段用于TaPoS,确保交易在有效时间内,上链至其引用区块所在的链
3      time_point_sec expiration;   // 表示过期时间,当区块头时间戳大于该值时,交易将不再打包
                                     // 至区块
4      // 下面两个字段标识引用区块
5      uint16_t ref_block_num = 0U;       // 表示引用区块高度,需要在最近2^16个区块以内
6      uint32_t ref_block_prefix = 0UL;   // 表示引用区块前缀,是引用区块哈希值的低32位
7      fc::unsigned_int max_net_usage_words = 0UL;  // 表示允许使用的最大网络带宽,0表示无
                                                     // 限制
8      uint8_t max_cpu_usage_ms = 0;      // 表示允许使用的最大CPU带宽,0表示无限制
9      fc::unsigned_int delay_sec = 0UL;  // 表示延时时间(单位:秒)
```

```
10    // …
11 };
```

（2）transaction 结构。

transaction 结构维护两类 action()函数集合，集合中分别存储需要和状态数据库交互的 action()函数信息、仅和交易相关的 action()函数信息。一笔交易中所有的 action()函数要么全部执行，要么全不执行。该结构提供交易摘要和哈希值计算等函数。

（3）signed_transaction 结构。

signed_transaction 结构额外维护签名集合，提供签名计算等函数。

3. 交易相关的数据结构

提到交易，不得不提及两个相关的数据结构——已打包交易和交易回执。

（1）packed_transaction 结构。

packed_transaction 结构表示被区块打包的交易，包含 Transaction 类对象、交易哈希值、交易压缩类型（none/zlib）等属性。

（2）transaction_receipt_header 结构和 transaction_receipt 结构。

transaction_receipt_header 结构和 transaction_receipt 结构为父子结构，描述交易被生产者节点处理后的状态转换情况，包含 packed_transaction 类对象、交易状态（包括已执行、延期执行、过期等）、CPU 和网络带宽的使用量等属性。

4. 交易中钱包涉及的内容

交易的创建依赖于钱包，钱包用于交易签名，钱包涉及以下两部分内容。

（1）wallet_api 类和 soft_wallet 类。

前者是钱包接口类，后者是具体的实现类——软钱包类。钱包维护公私钥信息，提供密钥创建、签名及文件加密等函数。

（2）wallet_manager 类。

wallet_manager 类为钱包管理器类，它维护多个钱包，每个钱包对应一个持久化存储的加密文件。例如，前文创建的 default 钱包，实际上就是密钥管理器维护的一个加密文件。

5. 调用的函数

交易创建和提交时，先后调用以下两个函数。

（1）sign_transaction()函数。

sign_transaction()函数由 wallet_plugin 插件提供，用于构造一个 signed_transaction 类对象。该函数首先通过指定的区块链 ID 和交易信息计算交易摘要；然后，基于 wallet_manager 类对象获取钱包对象，调用其 try_sign_digest()函数对交易签名，签名过程中，根据指定的公钥获取私钥，使用私钥签名。

（2）push_transaction()函数。

push_transaction()函数由 chain_plugin 插件提供，用于将交易发送至 EOS 节点，过程中调用 EOS 核心处理函数，如图 9-1 所示。

push_transaction()函数构造 packed_transaction 类对象并调用 transaction_async()函数异步处理交易；transaction_async()函数在 producer_plugin 插件注册，该函数先后嵌套

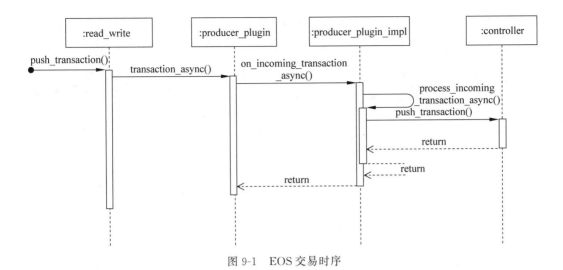

图 9-1 EOS 交易时序

调用 on_incoming_transaction_async()函数、process_incoming_transaction_async()函数及 controller 类对象的 push_transaction()函数。其中,on_incoming_transaction_async()函数从线程池获取线程处理交易;process_incoming_transaction_async()函数发送信号通知广播交易,判断节点暂未处于创建区块的状态时,将交易加入队列就结束了,交易等待后续执行,即不再调用 push_transaction()函数。push_transaction()函数实现核心交易打包执行的逻辑,处理流程包括调用 authorization_manager 类对象的 check_authorization()函数检查账号权限、执行交易 action()函数(同时验证带宽资源、设置交易是否立即执行或延时执行等)、生成 transaction_receipt 结构对象并打包至区块等。

9.2.3 区块

1. 区块的 3 级结构

区块用于打包交易,同样是 3 级结构,包括 block_header 结构、signed_block_header 结构和 signed_block 结构,分别表示区块头结构、签名区块头结构、签名区块体结构(区块头和签名区块头合称为区块头,签名区块体即区块体),均定义在 chain 模块。

(1) block_header 结构。

block_header 结构包含区块头信息,如例 9-3 所示。

【例 9-3】 EOS 区块头结构。

```
1  struct block_header
2  {
3      block_timestamp_type timestamp;        // 表示时间戳,即区块创建时间
4      account_name producer;                 // 表示生产者节点账号名称
5      uint16_t confirmed = 1;    // 表示区块确认数量。每一轮创建区块,生产者节点需要确认之前轮
       // 次创建的数量。生产者节点在当前轮次签名此区块,表示它认可[当前区块高度-confirmed, 当
       // 前区块高度]范围的区块是有效的
6      block_id_type previous;                // 表示父区块哈希值
7      checksum256_type transaction_mroot;    // 表示交易默克尔树根哈希值
8      checksum256_type action_mroot;         // 表示 action()函数集合形成的默克尔树根哈希值
9
```

```
10     // 如果未激活WTMsig区块特性,需要验证变量schedule_version是否匹配,确保父区块的变量
       // new_producers对应的变量version已经不可逆,那么新的调度将在此区块生效;否则,相关段
       // 无效(需要置空)
11     using new_producers_type = td::optional<legacy::producer_schedule_type>;   // 表示
       // 某一周期的生产者节点集合,producer_schedule_type类型由递增的变量version及有序的生
       // 产者节点(包括节点账号名称和公钥)集合组成
12     uint32_t schedule_version = 0;           // 表示调度版本
13     new_producers_type new_producers;        // 表示下一生产者节点集合
14     extensions_type header_extensions;       // 用于拓展
15     // …
16  };
```

（2）signed_block_header 结构。

signed_block_header 结构额外维护签名信息。

（3）signed_block 结构。

signed_block 结构额外维护 transaction_receipt 结构对象和区块拓展信息。signed_block 结构是 EOS 网络传输的区块结构,会被接收节点存储至数据库。

2. 区块数据的存储

区块数据不仅需要在内存存储,也需要持久化至磁盘存储。EOS 通过以下 4 种方式实现。

（1）fork_database 类。

fork_database 类为分叉数据库类,存储本节点创建的、网络同步的可逆区块数据,这些数据主要存储在内存中,节点正常停止时,数据持久化(位于节点数据目录的 state 子目录下,文件名称是 fork_db. dat)。如果出现分叉,内存将刷新最长链及最新不可逆区块数据。

（2）database 类。

database 类为状态数据库类,采用内存映射文件形式。一方面,持久化存储区块链状态数据,即本节点创建的、网络同步的各种状态数据(位于节点数据目录的 state 子目录下,文件名称是 shared_memory. bin),例如,区块、账号及智能合约。该存储是区块持久化至 block_log(不可逆区块日志)之前的缓冲。另一方面,持久化存储已经打包了的可逆区块数据(位于节点数据目录的 blocks/reversible 子目录下,文件名称是 shared_memory. bin),防止因节点意外宕机导致 fork_database 数据丢失。

（3）block_log 类。

block_log 类为区块日志类,持久化存储不可逆区块数据(位于节点数据目录的 blocks 子目录下),主要涉及两个文件,如图 9-2 所示。

blocks.log:

区块1	区块1索引	区块2	区块2索引	…	区块N	区块N索引

blocks.index:

区块1索引	区块2索引	…	区块N索引

图 9-2　EOS 不可逆区块存储结构

其中,blocks.log 是日志文件,blocks.index 是索引文件：前者顺序存储区块和索引数据,其中,索引固定 8 字节；后者只存储索引数据,通过索引能够随机访问日志文件的区块数据。文件支持顺序和随机访问。针对顺序访问场景,一方面,支持正向访问,即读取并反序列化日志文件的第一个区块数据,然后跳过 8 字节,处理第二个区块数据,以此类推；另一方面,也支持逆向访问,即定位文件最后 8 字节,跳过它们,读取并反序列化最后一个区块数据,以此类推。针对随机访问场景,计算 8×(区块高度−1),读取索引文件指定位置,根据读取的信息快速定位日志文件的区块数据。值得一提的是,区块数据并不是基于一对文件进行存储的,而是根据区块高度划分多对文件进行存储的。

(4) snapshot_reader 类和 snapshot_writer 类。

snapshot_reader 类和 snapshot_writer 类为快照类,用于临时快速地备份区块数据(位于节点数据目录的 snapshots 子目录下),节点重启时,可以指定快照,恢复相关状态数据。

9.2.4 区块链

controller 类和 controller_impl 结构是 EOS 的核心数据结构——控制器。它维护 fork_database、database、block_log 等类对象,基于信号、同步机制实现交易、区块等数据的同步和持久化。

9.3 EOS 网络层源码

EOS 网络插件基于信号和异步处理机制实现交易和区块同步。一方面,节点握手建立连接后,调用网络插件的 recv_handshake() 函数对比双方区块哈希值和高度,批量同步区块等数据。另一方面,创建交易和区块后,向 EOS 节点实时同步。

如前文所述,process_incoming_transaction_async() 函数触发信号通知,通过 transaction_ack() 函数判断是否广播交易,如果广播,则调用 bcast_transaction() 函数；其他节点接收交易后,同样基于信号机制处理交易,处理时调用前文所述的 on_incoming_transaction_async() 函数。

节点创建区块并广播后,其他节点接收区块,调用 on_incoming_block() 函数处理区块,完成分支切换和持久化等操作。

9.4 EOS 共识层源码

节点参与共识的前置条件是注册成为生产者、获取足够投票；节点参与共识后,在 BFT 机制约束下完成区块共识上链。本节重点介绍该流程。

9.4.1 共识准入

EOS 通过 eosio.system 合约维护生产者节点和投票信息,主要包括以下 6 类结构。

(1) producer_info 结构。

producer_info 结构为 1.0 版本的生产者节点结构,其通过多索引表维护节点账号名称和公钥、获票数量(权重)、有效状态、权限信息、URL、所属地区及信息变更时间等属性。

（2）producer_info2 结构。

producer_info2 结构为 1.3 版本的生产者节点结构，是 producer_info 结构的拓展，不能独立于 producer_info 结构使用，其通过多索引表维护节点账号名称、获票收益分享数量及获票收益分享变更时间等属性。不同于 producer_info 结构依赖投票权重，producer_info2 结构维护获票收益分享数量和获票收益分享变更时间，作为区块奖励的计算指标；producer_info2 结构结合了投票权重和持续时间两个维度，而不仅仅依赖投票权重。

（3）delegated_bandwidth 结构。

delegated_bandwidth 结构为已抵押带宽资源结构，包含抵押发起方（谁发起的抵押）账号名称、抵押接收方（为谁抵押）账号名称及抵押的 CPU 和网络带宽资源对应的数字货币数量等属性。

（4）user_resources 结构。

user_resources 结构为用户资源结构，包含资源归属方账号名称、CPU 和网络带宽资源对应的数字货币数量、内存资源数量等属性。

（5）refund_request 结构。

refund_request 结构为赎回请求结构，包含赎回方账号名称、赎回请求时间、CPU 和网络带宽资源对应的数字货币数量等属性。

（6）voter_info 结构。

voter_info 结构为投票节点结构，包含节点账号名称、已投票生产者节点列表、抵押数字货币数量（CPU 和网络抵押数量之和）、投票权重及代理节点等属性。

当用户通过交易调用系统合约的 regproducer()、unregprod() 等函数进行生产者节点变更时，EOS 更新多索引列表中 producer_info 结构对象和 producer_info2 结构对象。

当用户通过交易调用系统合约的 delegatebw()、undelegatebw() 等函数进行数字货币抵押或赎回时，首先，更新多索引列表中抵押发起方的 delegated_bandwidth 结构对象；然后，更新接收方的 user_resources 结构对象；然后，判断是否更新发起方的 refund_request 结构对象，同时判断如果是赎回操作，发送一笔延时 3 天的赎回交易；最后，更新 voter_info 等结构对象。值得一提的是，EOS 引入了投票权重等概念，每次投票时，系统合约根据抵押数字货币数量和时间计算一个新的权重，并根据该权重及相关信息更新 producer_info 结构对象和 producer_info2 结构对象的获票数量、获票收益分享数量等属性。

当用户通过交易调用系统合约的 voteproducer() 函数进行生产者节点投票时，根据抵押数字货币数量和时间计算一个新的权重，并根据该权重及相关信息更新 producer_info 结构对象和 producer_info2 结构对象的获票数量、获票收益分享数量等属性。

这些获票数量在哪里生效？生产者节点如何排序和更新呢？

在下文的共识流程中，有一个步骤是调用 controller 类对象的 get_on_block_transaction() 函数，该函数调用系统合约的 onblock() 函数实现生产者节点排序和更新。

onblock() 函数允许每分钟对生产者节点进行一次排序，具体流程是取获票数量最多的 21 个生产者节点，按照账号名称排序，这些节点信息通过 set_proposed_producers() 函数更新至状态数据库。当生产者节点更新时，可以认为生成了一个新版本的调度信息，该调度处于 proposed 状态，伴随着区块共识上链，proposed 状态先后转换为 pending 和 active 状态，active 状态是不可逆状态，EOS 网络将当前周期的生产者作为实际生产者，由它们参与区块共识。

除此之外，onblock()函数还和区块奖励有关，这里不再展开介绍。

9.4.2　共识流程

producer_plugin 插件是区块链共识层的核心模块，它通过 producer_plugin_impl 类对象的 schedule_production_loop() 函数循环判断当前节点状态，根据状态创建区块或等待区块同步，如例 9-4 所示。

【**例 9-4**】　EOS 共识流程(1)。

```
1   // 重置计时器,每次开始创建区块的时间间隔为 0.5 秒,例如,父区块 A(时间戳是 X.500) 的开始时间
    // 点在 X.000,子区块 B(时间戳是 Y.000) 的开始时间点在 X.500
2   _timer.cancel();
3
4   // 打包交易,根据返回结果判断是否继续创建区块或等待
5   auto result = start_block();
6
7   if (result == start_block_result::failed) {   // 发生异常
8     // 等待进入新一轮循环
9     elog("Failed to start a pending block, will try again later");
10    _timer.expires_from_now(
11      boost::posix_time::microseconds(config::block_interval_us / 10 ));
12
13    _timer.async_wait( app().get_priority_queue().wrap( priority::high,
14      [weak_this = weak_from_this(), cid = ++_timer_corelation_id]( const boost::
    system::error_code& ec ) {
15          auto self = weak_this.lock();
16          if( self && ec != boost::asio::error::operation_aborted && cid == self->_timer
    _corelation_id ) {
17              self->schedule_production_loop();
18          }
19      } ) );
20  } else if (result == start_block_result::waiting_for_block){   // 等待同步更多的区块
21    if (!_producers.empty() && !production_disabled_by_policy()) {   // 判断当前节点暂不
    // 可用
22        fc _ dlog (_log, "Waiting till another block is received and scheduling
    Speculative/Production Change");
23        schedule_delayed_production_loop(weak_from_this(), calculate_producer_wake_up_
    time(calculate_pending_block_time()));   // 等待一定时间后再次调用 schedule_production
    // _loop() 函数
24    } else {
25        fc_dlog(_log, "Waiting till another block is received");
26    }
27  } else if (result == start_block_result::waiting_for_production) {   // 等待到达创建区
    // 块的时间点
28    // 这种情况下,在 start_block()函数中已经调用 schedule_delayed_production_loop()函
    // 数,在这里什么也不用做
29  } else if (_pending_block_mode == pending_block_mode::producing) {   // 正在创建区块
30    schedule_maybe_produce_block( result == start_block_result::exhausted );   // 继续
    // 创建区块
31  } else if (_pending_block_mode == pending_block_mode::speculating && !_producers.empty()
    && !production_disabled_by_policy()){   // 投机创建区块 (并不是真正有效的生产者节点在创
    // 建区块)
```

```
32        chain::controller& chain = chain_plug->chain();
33         fc_dlog(_log, "Speculative Block Created; Scheduling Speculative/Production
   Change");
34        EOS_ASSERT( chain.is_building_block(), missing_pending_block_state, "speculating
   without pending_block_state" );
35        schedule_delayed_production_loop(weak_from_this(), calculate_producer_wake_
   up_time(chain.pending_block_time()));   // 等待一定时间后再次调用 schedule_
   // production_loop()函数
36  } else {
37    fc_dlog(_log, "Speculative Block Created");
38  }
```

为了避免混淆,分两部分介绍:一是区块创建和同步流程;二是区块验证和不可逆流程。

1. 区块创建和同步流程

该流程涉及以下两个函数。

(1) start_block()函数。

根据节点状态判断是否创建区块或等待,例如,判断当前节点不属于当前时刻的生产者,则认为是 speculating 状态,也就是非真正的生产状态。当符合真正的生产状态时,首先,调用 abort_block()函数重置区块,将区块交易重新加入内存队列;然后,调用 controller 类对象的 start_block()函数初步创建一个区块,创建流程中,控制器将根据父区块信息生成子区块(包括配置 active 状态的调度和生产者节点信息等),调用 get_on_block_transaction()函数触发生产者节点更新操作,调用 push_transaction()函数将交易打包至区块,调用 clear_expired_input_transactions()函数和 update_producers_authority()函数清除过期交易并更新状态数据库生产者节点权限信息等;最后,调用 process_unapplied_trxs()等函数持续将创建区块期间接收的交易打包,期间如果时间或带宽资源消耗超出阈值,则认为属于 exhausted 状态,否则属于 succeeded 状态,这两种状态都表示可以进行后续区块创建工作。

(2) schedule_maybe_produce_block()函数。

继续区块创建工作。定时结束后,通过 maybe_produce_block()函数间接调用 produce_block()函数完成区块创建。produce_block()函数首先调用 controller 类对象的 finalize_block()函数计算默克尔树根哈希值等数据并完成 signed_block 结构对象创建;然后,调用 controller 类对象的 commit_block()函数将区块持久化至 fork_database 等数据库,发送信号通知广播区块,并调用 log_irreversible()函数将 fork_database 中不可逆区块等相关信息持久化至 database、block_log。

其他节点接收区块后,调用 producer_plugin 插件的 on_incoming_block()函数处理区块并执行交易,以确保节点状态一致。on_incoming_block()函数的核心逻辑是调用 controller 类对象的 push_block()函数进行区块持久化并根据区块链高度判断是否切换有效分支;切换相关过程在 maybe_switch_forks()函数,该函数找到分叉并刷新 fork_database、database 等数据库。

2. 区块验证和不可逆流程

该流程涉及以下 5 个核心结构和两个共识阶段。

（1）变量 confirm_count。

该变量表示共识第一阶段需要使用的变量，是一个数组，它按序存储所有可逆区块的待确认数（可以理解为该区块还需要多少个生产者节点确认）。初始值的计算方法为：$2/3 \times$ 生产者节点个数$+1$。例如，3 节点，每节点连续创建两个区块，则当第 1 节点创建高度为 7 的区块时，该变量存储的是[1,1,2,2,3]，前两个元素表示高度为 3 和 4 的区块待确认数是 1，其后两个元素表示高度为 5 和 6 的区块待确认数是 2，最后 1 个元素表示高度为 7 的区块待确认数是 3；前 4 个元素是之前创建区块时插入的，已经计算并更新，而最后 1 个元素是刚刚根据计算方法插入的。

（2）变量 _producer_watermarks。

该变量表示各节点水印值，存储各生产者节点账号名称与其最后一个创建的区块高度的映射，计算区块的待确认数（可以理解为该区块前面还有多少个区块需要确认）时使用，计算方法为：当前最新区块高度－节点水印值。例如，当第 1 节点创建高度为 7 的区块时，使用最新区块高度 6 减去水印值 2，得到 4，表示前面有 4 个区块待确认。

（3）变量 dpos_proposed_irreversible_blocknum。

该变量表示单节点不可逆区块高度。生产者节点根据待确认数，逆向遍历数组 confirm_count，将元素逐个减 1（减 1 表示该生产者节点已确认该区块），当某一位置元素为 0 时，记录该位置对应的区块高度为 dpos_proposed_irreversible_blocknum，表示该高度区块（包括之前的区块）已经被 2/3 数量节点确认。对于当前节点来说，可以认为这些区块都是不逆的。截至目前，第一阶段共识已经完成。例如，当第 1 节点创建高度为 7 的区块时，confirm_count 各元素逆序减 1，此时，第二个元素为 0，表示高度为 4 的区块成为第 1 节点的不可逆区块。由于这里的不可逆只是针对单节点的，如果需要全网确认不可逆区块，则需要进行第二阶段。

（4）变量 producer_to_last_implied_irb。

该变量表示共识第二阶段需要使用的变量，存储各节点不可逆区块高度，即各生产者节点账号名称与其不可逆区块高度（变量 dpos_proposed_irreversible_blocknum）的映射。例如，当第 1 节点创建高度为 7 的区块时，高度为 4 的区块成为第 1 节点的不可逆区块，它们之间的映射就被记录在这里；同理，第 2 节点与高度 0 映射，第 3 节点与高度 2 映射。

（5）变量 dpos_irreversible_blocknum。

该变量表示 EOS 网络不可逆区块高度，由 producer_to_last_implied_irb 按区块高度从小到大排序后，从最小侧取 1/3 位置对应的区块高度为 dpos_irreversible_blocknum，表示该高度区块（包括之前的区块）已经被 2/3 数量节点确认且认为是全网不可逆的。取 1/3 是因为对区块高度的排序和节点确认的顺序是相反的，1/3 位置实际对应的就是 2/3 数量节点确认。例如，当第 2 节点创建高度为 9 的区块时，其对应不可逆高度为 6（其余节点映射的区块高度为 4 和 2），这时取最小的 1/3 位置处，得到高度为 2 的区块就是全网不可逆区块。

前文 start_block() 函数根据父区块信息生成子区块时，执行了 EOS 共识的两个阶段，如例 9-5 所示。

【例 9-5】 EOS 共识流程(2)。

```
1   // 这里就是前文 active 状态(不可逆状态)的调度,它维护生产者节点信息
2   auto num_active_producers = active_schedule.producers.size();
3   // 计算正在创建区块的待确认数
4   uint32_t required_confs = (uint32_t)(num_active_producers *2 / 3) + 1;
5
6   // 更新变量 confirm_count,属于第一阶段
7   if( confirm_count.size() < onfig::maximum_tracked_dpos_confirmations ) {
8      result.confirm_count.reserve( confirm_count.size() + 1 );
9      result.confirm_count = confirm_count;
10     result.confirm_count.resize( confirm_count.size() + 1 );
11     result.confirm_count.back() = (uint8_t)required_confs;  // 在最后插入新的待确认数
12  } else {
13     result.confirm_count.resize( confirm_count.size() );
14     memcpy( &result.confirm_count[0], &confirm_count[1], confirm_count.size() - 1 );
15     result.confirm_count.back() = (uint8_t)required_confs;
16  }
17
18  auto new_dpos_proposed_irreversible_blocknum = dpos_proposed_irreversible_blocknum;
19  // 从变量 confirm_count 变量尾部开始逐个递减待确认数,直到有一个待确认数为 0,表示新的不可
    // 逆高度产生
20  int32_t i = (int32_t)(result.confirm_count.size() - 1);
21  uint32_t blocks_to_confirm = num_prev_blocks_to_confirm + 1;  // 表示待确认区块数量,在
    // 这里,没有给出变量 num_prev_blocks_to_confirm 赋值的代码,可参考前文介绍变量 _producer_
    // watermarks 时的内容
22  while( i >= 0 && blocks_to_confirm ) {
23     --result.confirm_count[i];  // 减 1 表示确认,即待确认数少了一次
24     // idump((confirm_count[i]));
25     if( result.confirm_count[i] == 0 )
26     {
27        uint32_t block_num_for_i = result.block_num - (uint32_t)(result.confirm_count.
    size() - 1 - i);
28        new_dpos_proposed_irreversible_blocknum = block_num_for_i;
29        // idump((dpos2_lib)(block_num)(dpos_irreversible_blocknum));
30
31        if (i == static_cast<int32_t>(result.confirm_count.size() - 1)) {
32           result.confirm_count.resize(0);
33        } else {
34           memmove( &result.confirm_count[0], &result.confirm_count[i + 1], result.
    confirm_count.size() - i - 1);
35           result.confirm_count.resize( result.confirm_count.size() - i - 1);
36        }
37        break;
38     }
39     --i;
40     --blocks_to_confirm;
41  }
42
43  result.dpos_proposed_irreversible_blocknum = new_dpos_proposed_irreversible_
    blocknum;
44
45  // 计算全网不可逆区块高度,取变量 producer_to_last_implied_irb 的 1/3 位置,属于第二阶段
46  result.dpos_irreversible_blocknum = calc_dpos_last_irreversible( proauth.producer_
    name );
47  // 变量 producer_to_last_implied_irb 的变更流程不再介绍
```

当其他节点接收区块时,区块重做,这些不可逆信息也同样记录在这些节点上。

和传统的区块链系统不同,EOS区块创建、同步和验证流程并不是串行的,节点可以一边创建区块,一边验证历史批次的区块是否满足2/3数量节点确认,这样做大幅提高了区块链吞吐量。

9.5 EOS 合约层源码

EOS交易执行时,调用 push_transaction()函数,该函数在交易上下文环境执行 action()函数,action()函数的执行流程封装在 exec_one()函数中。

exec_one()函数执行时,使用以下两种方式。

(1)硬编码执行。

硬编码指平台底层代码实现 action()函数,此过程不依赖虚拟机和智能合约。硬编码能够避免系统合约没有部署前无法执行特定操作(例如,创建账号)的问题,也能够缓解虚拟机压力。exec_one()函数执行 action()函数时,优先通过 find_apply_handler()函数找到平台硬编码的函数并执行相关逻辑。EOS硬编码了几个核心函数,如表9-4所示。

表 9-4　EOS 硬编码函数信息

action()函数名称	硬编码函数名称	功　能
newaccount	apply_eosio_newaccount	创建账号
setcode	apply_eosio_setcode	设置智能合约
setabi	apply_eosio_setabi	设置 ABI
updateauth	apply_eosio_updateauth	更新自定义权限
deleteauth	apply_eosio_deleteauth	删除自定义权限
linkauth	apply_eosio_linkauth	绑定自定义权限
unlinkauth	apply_eosio_unlinkauth	解绑自定义权限
canceldelay	apply_eosio_canceldelay	取消延时交易

(2)虚拟机执行。

硬编码函数执行完毕后,EOS继续检索该 action()函数是否需要通过虚拟机执行(通过硬编码执行的函数也可能再次通过虚拟机执行)。如果需要,EOS将获取 wasm_interface 类对象并基于默认的 EOS VM JIT(允许配置 EOS VM OC 等虚拟机)运行时环境执行,具体过程不再展开介绍。

参 考 文 献

［1］ 邱炜伟,李伟.区块链技术指南[M].北京:电子工业出版社,2022.

［2］ 张健.区块链:定义未来金融与经济新格局[M].北京:机械工业出版社,2016.

［3］ 王硕.区块链技术在金融领域的研究现状及创新趋势分析[J].上海金融,2016(2):26-29.

［4］ 梅海涛,刘洁.区块链的产业现状、存在问题和政策建议[J].电信科学,2016,32(11):134-138.

［5］ 谭磊,陈刚.区块链 2.0[M].北京:电子工业出版社,2018.

［6］ ANTONOPOULOS A M. Mastering Bitcoin:Unlocking Digital Crypto-Currencies[M]. California:O'Reilly Media,Inc,2014.

［7］ 邵奇峰,金澈清,张召,等.区块链技术:架构及进展[J].计算机学报,2018,41(5):969-988.

［8］ 袁勇,王飞跃.区块链技术发展现状与展望[J].自动化学报,2016,42(4):481-494.

［9］ 金海,裴庆祺,盖珂珂,等.区块链技术原理[M].北京:高等教育出版社,2022.

［10］ 袁勇,王飞跃.区块链理论与方法[M].北京:清华大学出版社,2019.

［11］ 华为区块链技术开发团队.区块链技术及应用[M].北京:清华大学出版社,2021.

［12］ 郑子彬,陈伟利,郑沛霖.区块链原理与技术[M].北京:清华大学出版社,2021.

［13］ 刘宇熹.区块链技术及实用案例分析[M].北京:清华大学出版社,2020.

［14］ 武岳,李军祥.区块链共识算法演进过程[J].计算机应用研究,2020,37(7):7.

［15］ CAMILA R. The Infinite Machine[M]. New York:Harper Business,2020.

［16］ 闫莺,郑凯,郭众鑫.以太坊技术详解与实战[M].北京:机械工业出版社,2018.

［17］ 范凌杰.自学区块链[M].北京:机械工业出版社,2019.

［18］ 虞家男.EOS区块链应用开发指南[M].北京:电子工业出版社,2019.